Somos otros

Somos otros

De la incertidumbre a la conexión: cómo la pandemia transformó nuestra manera de pensar, crear y comunicarnos

SERGIO ROITBERG

Edición general
Pilar Calderón

Colaboración en textos
Dominique Rodríguez
Mary Catherine Bartsh

CONECTA

Somos otros

De la incertidumbre a la conexión:
cómo la pandemia transformó
nuestra manera de pensar, crear y comunicarnos

Primera edición: marzo de 2026

penguinlibros.com

ISBN: 979-88-909-881-02

Impreso en Colombia – *Printed in Colombia*

Una vez más, a mis hijos, Michel, Cala y Max.

Índice

Prólogo

Alguien lo tiene que hacer, pensé. Después de contarles a varias personas mi decisión de escribir sobre el impacto que nos dejó la pandemia, me quedó claro que sería una tarea difícil. No es fácil leer sobre algo que nos lleve a recordar uno de los momentos de mayor incertidumbre y transformación que ha vivido la humanidad en este siglo. Mejor olvidarlo y pensar que aquí no pasó nada. Pero aquí estamos, cinco años más tarde. Y después de más de cien entrevistas con expertos y líderes en educación, neurociencia, sociología, negocios, finanzas, tecnología e inteligencia artificial —entre otros campos— puedo afirmar con certeza que por más que hagamos la pandemia a un lado e intentemos mirar al costado, su impacto marcó un antes y un después en la historia de la humanidad y sus efectos perdurarán por años.

Yo solía creer en los cambios graduales. Es más, viviendo en la Florida y acostumbrado a perseguir huracanes cuando era periodista, aprendí a leer esas señales que te van diciendo que algo se moverá de un lado para otro. Pero si bien hasta los huracanes se volvieron previsibles, nada, absolutamente nada nos anticipó la fuerza, la magnitud y el alcance de las consecuencias de este movimiento telúrico que nos sacudió globalmente, nos aterrorizó, nos paralizó y nos desestabilizó a tal punto que no tuvimos otra alternativa que adaptarnos y buscar salidas para sobrevivir.

No escuchamos a Bill Gates cuando en 2015, en una charla TED que ha sido vista millones de veces, nos avisó lo que venía y advirtió premonitoriamente que no estábamos preparados para afrontarlo.[1] A mí, como al 99,9% de la humanidad, la pandemia me tomó por sorpresa, me estremeció y me dejó sin piso. A todos nos dejó sin amarre, en *offside*. A cinco años de aquel impacto brutal, es posible afirmar, sin temer a equivocarnos, que fue una de las más grandes disrupciones de la historia reciente y la piedra angular de la transformación sociocultural más rápida y masiva de nuestra era, una revolución que apenas comienza.

El encierro y el miedo a morir consiguieron lo que no lograron ni Mahoma, ni Cristo: cambiarnos a todos. Una situación extrema como la padecida en 2020 nos llevó, irremediablemente, a enfrentarnos con el espejo y a vérnoslas con nosotros mismos. Nos demostró que nada estaba escrito en piedra. Sin saberlo, con la pandemia fundamos una nueva época: la era del *unknown*. Lo desconocido, lo incierto, empezó a gravitar sobre nosotros y generó esta nueva realidad que hoy nos hace vivir fuera de la zona de confort una buena parte del tiempo y a la que también nos hemos ido acostumbrando y adaptando.

Sumergidos en la incertidumbre, dejamos de tener el control que creíamos tener y se puso a prueba, como nunca, nuestra flexibilidad y capacidad de adaptación. Y del fondo de nuestro más profundo yo emergió una resiliencia, una fuerza que ni siquiera sabíamos que teníamos. Aceleramos el cambio que venía antici-

1. Gates, Bill. *The Next Outbreak? We're Not Ready*. TED, marzo de 2015. Disponible en: <www.youtube.com/watch?v=6Af6b_wyiwI>. Accedido el 7 de mayo de 2025.

pándose, prácticamente sin oponer resistencia, y salimos adelante, como antes lo hicieron otras generaciones ante plagas o situaciones límites.

Sin embargo, mientras a nuestros antecesores les tomó siglos hacerlo, nosotros no tuvimos más opción que lograrlo en cuestión de meses. Fuimos capaces de crear en tiempo récord una vacuna que salvó a la humanidad y nos adaptamos meteóricamente a una nueva realidad. Nuestra lucha por sobrevivir prevaleció y nos volvimos resilientes. Sin haberlo buscado, nos convertimos en seres completamente digitales y la tecnología se convirtió en nuestro respirador artificial. Hasta nació una nueva generación, la P, de *pandemials,* con capacidades sociales completamente distintas a las que tuvimos nosotros, pero también con problemas de salud mental que la han marcado y cuyas consecuencias apenas comienzan a hacerse visibles.

Del confinamiento salimos recargados... La tecnología nos dio aire e impidió que se rompieran del todo nuestros lazos. Fundó una nueva forma de relacionarnos, de estudiar, de trabajar, de ir al médico, de comprar, de contratar. El mundo se volvió híbrido y nómada y ahora con la inteligencia artificial (IA), otra revolución se está gestando velozmente, producto de la aceleración de los tiempos, de la multiplicación de la capacidad tecnológica.

No podemos darle la espalda a esta nueva era. Nos convertimos en seres permanentemente conectados, con una poderosa voz propia que hoy, más que nunca, tiene la fuerza de crear (y demoler) figuras y marcas, pero al mismo tiempo con una necesidad de conexión, de contacto, que va más allá de las pantallas.

La pandemia también hizo evidente que solos no vamos a resolver ningún problema, que la vida es un asunto común. Si no estamos interconectados, no vamos a sobrevivir. Y hablo de una conexión profunda, también de emociones, de comportamientos, de objetivos, de un *engagement* que nos lleve a construir un escenario común, un propósito compartido. Ya nunca será igual manejar una empresa o dirigir una organización.

Este libro es el resultado de un proceso de cinco años durante los cuales el propósito ha sido descifrar la encrucijada que nos tocó vivir y poner en palabras lo que nos pasó,pero, sobre todo, qué cambió, cómo cambiamos y qué nos quedó después del estremecimiento global más profundo que ha vivido la humanidad en las últimas décadas y que —como veremos en los capítulos que siguen— nos hizo otros.

Capítulo 1

¡Cuidado con los "idus" de marzo!

En el calendario romano, el 15 de marzo es una fecha fatídica. En ese día, en el año 44 a. C., fue asesinado Julio César, el magno emperador cuyas batallas y glorias hicieron de Roma un imperio. Conocida como los "idus de marzo", desde entonces ha sido considerada presagio de que se avecinan tiempos difíciles. Y así iban a ser esos aciagos días que siguieron al 15 de marzo de 2020...

Comenzaba la tercera década del siglo XXI y el mundo se preparaba para afrontarla. Los titulares de las noticias no auguraban días fáciles. La Unión Europea estrenaba una nueva era sin el Reino Unido; pocos días después de firmado en Afganistán el acuerdo entre los talibanes y los Estados Unidos que debía significar el comienzo del retiro de las tropas norteamericanas de ese país, las confrontaciones continuaban; los expertos económicos empezaban a hablar de recesión y retumbaba todavía el eco del veredicto contra Harvey Weinstein, el poderoso productor de Hollywood declarado culpable por los cargos de ataque sexual y violación. En medio de las poco alentadoras nuevas, se empezaban a abrir paso informaciones sobre un extraño virus que había surgido en China y empezaba a extenderse a otros países, entre ellos Italia, donde el primer ministro Giuseppe Conte había decretado hacía pocos días un estricto confinamiento. En Washington, el Capitolio había cerrado sus puertas al público y la NBA, suspendido su temporada de básquet por temor a propagar el contagio. Todo parecía indicar que se aproximaban épocas oscuras.

El día que el mundo cambió

Como cada semana, fui al Aeropuerto Internacional de Miami a tomar un vuelo que me llevaría a visitar a alguno de mis clientes. En esa oportunidad, el vuelo era a México. Desde que vivo en Miami, hace 30 años, el aeropuerto ha sido para mí prácticamente una extensión de mi lugar de trabajo. En promedio suelo hacer un centenar de viajes al año, así que lo conozco como la palma de mi mano y me muevo como pez en el agua entre sus multitudes, que en la actualidad rondan los 200 mil pasajeros al día. Mitad en broma y mitad en serio, acostumbro a decir que lo mejor que sé hacer en la vida es salir y entrar al aeropuerto en tiempo récord. Pero ese día todo era distinto.

En el área del *check-in*, los mostradores estaban vacíos y no había empleados. Los pasillos que se suelen llenar de pasajeros estaban desiertos y las tiendas, usualmente colmadas de viajeros presurosos, estaban cerradas. Parecía como si el aeropuerto estuviera reservado solo para mí, una escena que no había visto ni cuando un gran huracán estaba a punto de pasar por Florida. Los aeropuertos —pensé— suelen ser el termómetro de las catástrofes. Se llenan o vacían según se trate de huir de un tornado o resguardarse después de un atentado terrorista como del 9/11.

Esta vez, sin embargo, todo indicaba que se trataba de algo diferente, único. Lo más aterrador era que no sabíamos con certeza lo que era. Apenas hacía unos días la Organización Mundial de la Salud (OMS) le había puesto nombre, covid-19, sin explicarnos muy bien de dónde provenía el denominativo. Más tarde nos enteraríamos de que derivaba de las palabras "corona", "virus" y *disease* ("enfermedad" en inglés), mientras que "19" representaba el año en que surgió el brote, del que se informó a la OMS el 31 de diciembre de 2019.

En cuestión de horas, esa palabreja extraña —"coronavirus"— se convirtió en la más buscada en internet, con más de 20 millones de búsquedas tan solo el 11 de marzo.[1] Todos queríamos entender qué era lo que estaba pasando, qué bicho mortal se había infiltrado silenciosamente en nuestras vidas y estaba acabando con ellas a un ritmo frenético. Pero no había respuestas, solo cifras desoladoras que iban mostrando un crecimiento exponencial primero de los contagiados, luego de los hospitalizados, de los internados en las UCI y, finalmente, de las víctimas mortales de este monstruo desconocido.

Los mapas infográficos que nos presentaban los medios de comunicación, cuyos periodistas estaban igual de perdidos que todos nosotros, se iban colmando de puntitos rojos que anunciaban el angustiante progreso del virus y su incontrolable capacidad de expandirse de un lugar a otro, sin freno. Primero China, luego India, Italia, Alemania, España, Estados Unidos… finalmente, el planeta entero. Y esto sin haber terminado el mes de marzo.

1. Molla, Rani. "Cómo el coronavirus se apoderó de las redes sociales". *Vox*, 12 de marzo de 2020. Disponible en: <https://www.vox.com/recode/2020/3/12/21175570/coronavirus-covid-19-social-media-twitter-facebook-google>. Accedido el 7 de mayo de 2025.
"Role of Mass Media and Public Health Communications in the COVID-19 Pandemic". *Journal of Medical Internet Research*, 2020. Disponible en: <https://pmc.ncbi.nlm.nih.gov/articles/PMC7557800/>. Accedido el 7 de mayo de 2025.

La evidencia de los números —que para el fin de mes ya sumaban 150 mil casos solo en los Estados Unidos— se fue volviendo abrumadora. El Dow Jones se desplomó 1.200 puntos en cuestión de días,[2] una locura... Aterrorizados, empezamos a ver cómo, a medida que se extendía el contagio, las puertas del mundo se iban cerrando una a una para tratar de detenerlo. Pero navegábamos sin dirección. Nadie sabía a ciencia cierta ni la naturaleza, ni el tamaño de la amenaza, ni mucho menos cómo detenerla. Como el epidemiólogo norteamericano March Lipsitch, director del Center for Communicable Disease Dynamics del Harvard Chan School, lo definió en ese entonces: "Simplemente nos estamos subiendo a una balsa sin salvavidas. La tierra firme está aún muy lejos.[3] ¡No podíamos imaginar cuánto!

Lo que en un comienzo creíamos circunscrito a China, poco a poco, se fue convirtiendo en una plaga universal de la que parecía que nadie podría salvarse. Cualquiera podía contagiarse, enfermar y morir. La globalidad —esa que tanto habíamos abrazado como remedio a varios de nuestros males— mostraba la más cruel de sus facetas. En un mundo hiperconectado, no había escapatoria posible, nadie podía sentirse a salvo.

Las desoladoras imágenes de las más icónicas calles del mundo totalmente vacías, hospitales a reventar y cadáveres apilándose por

2. Yahoo Finance. "Stock Market News Live: Dow Drops 1,200 Points, Ending in Bear Market". *Yahoo Finance*, 11 de marzo de 2020. Disponible en: <https://finance.yahoo.com/news/stock-market-news-live-updates-march-11-2020-115430808.html>. Accedido el 7 de mayo de 2025.

3. Harvard T. H. Chan School of Public Health. "Center for Communicable Disease Dynamics Offers 'Tweetorial' on Coronavirus". *Harvard T. H. Chan School of Public Health*, 28 de enero de 2020. Disponible en: <https://hsph.harvard.edu/news/coronavirus-wuhan-china-lipsitch/>. Accedido el 7 de mayo de 2025.

doquier, bien fuera en las calles de Guayaquil o en una carpa improvisada en un estadio en Nueva York, se apoderaron de las primeras planas de los medios e inundaron las redes sociales. Día a día, la incertidumbre se iba haciendo aún más grande y nadie parecía tener una respuesta que pudiera calmar la ansiedad universal. Algo similar a lo que probablemente debieron sentir quienes vivieron la Primera o la Segunda Guerra Mundial... un temor inconmensurable de no tener idea de lo que vendría al día siguiente, si lograrías sobrevivir o caería una bomba que te haría desaparecer en cuestión de segundos.

Si en ese entonces las circunstancias ya eran brutales, en esta ocasión la dimensión de la amenaza las hacía apabullantes. Ya no se trataba de un evento continental, como lo fueron estas guerras, sino que nos afectaba a todos y no existía búnker donde escondernos para protegernos. Nos invadió la impotencia... De un día para otro, el incesante ritmo del mundo se había detenido e ignorábamos cómo ponerlo a andar de nuevo. El terror frente a lo desconocido nos hizo sentirnos más vulnerables que nunca y nos paralizó.

Nadie podía sentirse a salvo. De Tom Hanks a la Reina Margarita de Dinamarca, pasando por Mick Jagger, Rafael Nadal, Lionel Messi, Plácido Domingo, y hasta el imbatible juez español Baltazar Garzón, cayeron víctimas de la inclemente oleada inicial del contagio. Sin distingo de nacionalidad, clase o prestigio, el covid-19 atacó sin piedad ni consideración.

Aunque todos, hasta los más poderosos y populares, éramos vulnerables, con el pasar de los días fue evidente, sin embargo, que el virus no se desarrollaría por igual en todas partes ni nos afectaría a todos de la misma manera. Ante una amenaza global única, paradójicamente prevalecieron las respuestas locales y dispersas. El desconocimiento casi total sobre la evolución del virus y cómo detenerlo llevó a cada nación, a cada región, a cada dirigente, a sacar de la manga un improvisado plan para responder a los millones de personas que, impávidas, reclamaban de sus líderes respuestas que nadie tenía. Ellos tampoco…

Frente a lo desconocido, la improvisación fue la regla, sin distingo de poderío político o económico. Países como los Estados Unidos vivieron una tragedia humanitaria sin precedentes que los llevó a encabezar la lista negra de naciones con mayor número de muertos por covid-19; el Reino Unido padeció una crisis hospitalaria que derivó en colosales huelgas del personal médico y asistencial y en Suecia —uno de los pocos países donde el gobierno no impuso confinamiento—, para el mes de abril de 2020, la tasa de mortalidad por 100 mil habitantes llegaba a 17,3, muy por encima de sus vecinos Dinamarca (6,4), Noruega (3,4) y Finlandia (2,6).[4]

Hoy podemos verlo con mayor claridad, pero en aquellos interminables días encerrados, todo era confuso y la cabeza no nos daba más que para intentar entender qué era lo que nos estaba pasando. En qué consistía ese "algo" que llegaba por el aire y, sin darnos cuenta, nos atrapaba y hacía que fuéramos cayendo uno tras otro, sin poder hacer prácticamente nada.

Entre la ficción y la realidad

Nunca fui aficionado a las películas de ciencia ficción. Siempre las encontré distorsionadoras de una realidad que para mí nunca se asemejaría a aquellas fantasías producto de la desbordada imaginación de los diversos Stanley Kubrick que han pasado por las pantallas.

4. BBC News Mundo. "Coronavirus en Suecia: el debate que despierta la singular estrategia del país europeo de no confinar a su población durante la pandemia". *BBC News Mundo*, 15 de mayo de 2020. Disponible en: <https://www.bbc.com/mundo/noticias-internacional-52690735>. Accedido el 7 de mayo de 2025.

Sin embargo, en esos aciagos primeros días de marzo de 2020, la sensación que me invadía era precisamente la de ser el protagonista de uno de aquellos fantasiosos films donde la vida en el planeta se ve amenazada por una extraña fuerza difícil de descifrar e imposible de combatir. Lo que desfilaba ante mis ojos y los de millones de personas no difería mucho de lo que avezados cineastas habían visualizado durante décadas a manera de invasión extraterrestre, monstruo de varias cabezas emergido de algún misterioso lago o virus letal... un mundo que, de la noche a la mañana, se veía vaciado de sus habitantes, inmóvil y aterrorizado frente a un enemigo común, desconocido e indescifrable.

En aquel tiempo, agobiado por esa incesante sensación de incertidumbre y de haber perdido por completo el control, dediqué varias sesiones a repasar algunas películas que, para mi mente fáctica y cartesiana, eran excesivamente imaginativas e inverosímiles. Por mi pantalla desfilaron varias, como *Contagio*, de Steven Soderbergh, realizada una década antes y en la que, como una aterradora premonición, un virus letal se esparce por el planeta; o *La llegada*, de Denis Villeneuve (2016) y *Día de la Independencia*, de Roland Emmerich (1996), en las que naves alienígenas invaden la tierra ante la mirada estupefacta de millones de personas que permanecen como zombis ante lo desconocido.

Increíblemente, lo que estábamos viviendo en esos días resultaba ser todo eso y mucho más. Enfrentadas a una amenaza inédita y letal, millones de personas nos encontrábamos aisladas, incomunicadas y entumecidas, desbordadas por una realidad apabullante en la que nadie ni nada de lo que hasta entonces habíamos conocido parecía ser suficiente para ofrecernos una respuesta, una salida a la debacle a la que estábamos abocados.

Con el pánico instalado en la piel y la paranoia por este nuevo virus de nombre covid-19 que se transmitía por el aire, nos encapsulamos y empezamos a desconfiar de todos los que nos rodeaban. Los gobiernos decidieron por nosotros, a nivel individual y colectivo. Los confinamientos nos aislaron dentro de nuestras casas, encerrados en nuestras propias urnas de cristal, y nos impidieron movernos más allá de nuestras propias fronteras. Y, sin derecho a réplica, tuvimos que pagar las consecuencias de las decisiones erráticas de muchos de los dirigentes del planeta.

Dentro de cuatro paredes

Sin saber muy bien cómo, cuándo ni por qué, esa bola con nombre de virus fue creciendo con los días y aplastándonos a todos. El 11 de marzo de 2020, la OMS finalmente catalogó lo que estábamos viviendo como "PANDEMIA",[5] así con mayúscula, lo que en pocas palabras quería decir que era una amenaza de la que nadie se iba a salvar y que se propagaba como gasolina que se enciende sin freno con un fósforo con consecuencias para todos.

En Miami, ese día el alcalde declaró el estado de emergencia y prácticamente cada ciudad del mundo hizo lo propio, con distintas interpretaciones de la urgencia, versiones de las medidas e intensidad del aislamiento recomendado. En algunas tan diversas como Melbourne, Manila y Bogotá los confinamientos fueron especialmente severos y las medidas se mantuvieron por largo tiempo.

5. Organización Mundial de la Salud. "Alocución de apertura del director general de la OMS en la rueda de prensa sobre la COVID-19 celebrada el 11 de marzo de 2020". *Organización Mundial de la Salud*, 11 de marzo de 2020. Disponible en: <https://www.who.int/es/director-general/speeches/detail/who-director-general-s-opening-remarks-at-the-media-briefing-on-covid-19---11-march-2020>. Accedido el 7 de mayo de 2025.

Revivimos una palabra que había sido acuñada en otras epidemias y que ya parecía una referencia restringida exclusivamente a los libros de historia: cuarentena. Las ciudades —grandes, medianas y pequeñas— de todo el mundo comenzaron a vaciarse y millones de personas nos vimos abocadas, de la noche a la mañana, a un encierro obligatorio que nos cambió la vida y nos llevó a un escenario hasta entonces totalmente desconocido y que cada uno enfrentó como pudo.

Muchos creíamos que la crisis iba ser cuestión de días, máximo unas cuantas semanas. En nuestro caso, en Newlink, cerramos la oficina, instalamos las computadoras en nuestras casas y nos preparamos para un corto receso. A medida que iban pasando los días, sin embargo, se hizo evidente que no iba a ser así. La vida se nos encapsuló dentro de cuatro paredes. De comer, entretenernos y descansar en casa, pasamos a estudiar, trabajar, interactuar y hacerlo todo —la compra, las citas médicas, las conquistas, todo, todo— a través de las pantallas, 24/7. La tecnología se convirtió en la herramienta más preciada, en nuestro respirador artificial en medio del confinamiento y el ahogo al que nos había sometido la pandemia.

Sin proponérnoslo, todo fue cambiando, hasta el aire que respirábamos. Sin vehículos circulando y con muchas de las industrias paralizadas, se redujeron significativamente las emisiones de CO2 y de partículas contaminantes.[6] Con la soledad de las calles llegaron vivencias inusitadas y hasta ese entonces impensables: un puma que recorre las calles de Santiago de Chile, una manada de jabalíes que se pasea oronda por Barcelona, un zorro que se desliza por las

6. National Geographic. "El descenso de las emisiones de carbono por la pandemia no ralentizará el cambio climático". *National Geographic*, mayo de 2020. Disponible en: <https://www.nationalgeographic.es/ciencia/2020/05/descenso-emisiones-de-carbono-por-pandemia-no-ralentizara-cambio-climatico>. Accedido el 7 de mayo de 2025.

empinadas calles de San Francisco, pavos reales que corretean por el centro de Madrid...[7]

A medida que los humanos, despavoridos, nos íbamos retirando de las ciudades y encerrando en nuestras cuevas, la naturaleza iba avanzando, recuperando terreno, como si necesitara un respiro, un descanso de la mano depredadora de los hombres. Quizá, justamente por ello, el hit de Netflix en esos tiempos fue *Tiger King*, la historia de Joe Exotic, el excéntrico dueño de un zoológico con más de mil tigres para su disfrute, y su pelea con Carole Baskin, la promotora del santuario animal *Big Cat Rescue*.

Ese confinamiento obligado, esa ruptura generada por la pandemia, constituyó la mayor disrupción de la era reciente. Según la definición de la Real Academia Española, una disrupción es una "rotura o interrupción brusca". Y eso fue justamente lo que nos sucedió, una fractura brusca de la vida, un frenazo que amenazó con rompernos en mil pedazos y hacernos otros. Así fue.

Con el paso de los días y la prohibición de salir a la calle, temerosos, aburridos, desconfiados y solos, casi sin darnos cuenta, empezamos a ser otros. Como me dijo la doctora Oriel FeldmanHall, neurocientífica norteamericana de la Universidad de Brown y una apasionada por comprender la compleja dinámica de las interacciones humanas, cuando la entrevisté en 2023, ella de paso por Londres y yo en Miami, "la pandemia ha sido uno de los acontecimientos globales más inciertos de la historia reciente".

Cinco años después, lo estamos corroborando. El confinamiento dejó consecuencias de largo plazo, que apenas estamos empezando

7. San Segundo, Paloma. "Jabalíes, pavos, patos y otros animales no se quedan en casa en la cuarentena". *EFEverde*, 25 de marzo de 2020. Disponible en: <https://efeverde.com/jabalies-patos-pavos-animales-cuarentena/>. Accedido el 7 de mayo de 2025.

a entender y que tendrán sobre nuestras vidas efectos que aún no conocemos. Y fue eso justamente, el no saber a ciencia cierta qué impacto tuvieron sobre nosotros los hechos que se sucedieron en esos meses, lo que despertó en mí la curiosidad y la necesidad de profundizar sobre ellos.

Cuando apenas iniciaba esa búsqueda, me encontré un libro que me llamó muchísimo la atención: *El gran pánico del covid,* de Paul Frijter —profesor de *Wellbeing Economics* en la London School of Economics—, escrito junto con otros dos profesores de economía y publicado en septiembre de 2021.[8] La palabra PÁNICO se me quedó grabada inmediatamente, pues era exactamente eso lo que habíamos sentido en esas primeras semanas de marzo. Así que busqué su contacto y después de algunos correos electrónicos aceptó hablar conmigo.

Las predicciones que hizo fueron aterradoras y desalentadoras. Predijo un futuro devastado por la pandemia y el aislamiento. Creía que nuestras generaciones más jóvenes serían las más afectadas, quedando completamente rezagadas en la educación y volviéndose adictas a las redes sociales. Aunque en ese momento su visión me pareció demasiado pesimista, me identifiqué con su percepción de lo que experimentamos todos en esa semana. "Parte de la respuesta a la pandemia fue, por así decirlo, una especie de pánico ciego de rebaño que inundó gran parte del mundo occidental muy al principio de marzo... En ese sentido, fue el primer recordatorio de que si conectas a todo el mundo, todos pueden volverse locos al mismo tiempo", me dijo.

Fue entonces cuando quise ahondar, más allá del pánico de aquellos días iniciales que nos marcó a todos, sobre cómo transfor-

8. Frijters, Paul, Gigi Foster y Michael Baker. *El gran pánico del covid.* Traducido por Fernando Luis Cabal Riera, Mandala Ediciones, 2021.

mó la pandemia nuestras vidas, con qué secuelas tendríamos que vivir y qué aprendizajes nos dejó a su paso.

Cinco años después, creo que la respuesta tiene una amplia gama de matices. Superada la crisis y con muchos de los fenómenos iniciales que parecían permanentes ya decantados, lo que quedó fue un conjunto de transformaciones significativas —la flexibilidad, la resiliencia, la innovación y la velocidad, solo por nombrar algunas de las que permearon nuestro ámbito personal, laboral, educativo y social— que, sin duda, nos transformaron.

En pocas palabras

- El miedo al contagio y el aislamiento generaron un estrés colectivo y una sensación global de pánico que estremecieron al mundo.
- El confinamiento obligado y la ruptura generada por la pandemia constituyen la mayor disrupción de la era reciente.
- La pandemia nos transformó como individuos y como sociedad. La flexibilidad, la resiliencia, la innovación y la velocidad permearon nuestro ámbito personal, laboral, educativo y social y terminaron por convertirnos en otros.

Capítulo 2

La era de la incertidumbre

La incertidumbre y la zozobra se fueron volviendo constantes en nuestra vida cotidiana. Las circunstancias y las medidas tomadas para afrontarlas nos obligaron a adaptarnos rápidamente, en medio de una situación de caos permanente, en donde nadie tenía una respuesta convincente sobre lo que estaba pasando. Conceptos como "resiliencia", antes confinados a los estudios académicos, se volvieron el pan de cada día... Nos vimos capaces de resistir, de adaptarnos, de sobrellevar la tragedia de las circunstancias. La vida era otra y nosotros también teníamos que ser otros.

Ese escenario de permanente incertidumbre llevó a que los vacíos de datos fidedignos que teníamos fueran llenados por toneladas de desinformación que terminaron por profundizar el desconcierto y crear una confusión generalizada en medio de la cual no había manera de saber quién estaba más cerca de la realidad, o quien podía tener la razón, simplemente porque todos estábamos sumidos en el mismo desconocimiento.

En un universo en el cual quienes estaban más cerca de nosotros se convirtieron en nuestros mayores enemigos porque eran quienes más podían contagiarnos, todos empezamos a desconfiar de todos... Tuvimos que dejar atrás lo que habíamos cultivado hasta ese momento: conectar, acercarse, querer, amar, tocar… para aprender todo lo contrario. Cuanto menos me acerque y te vea, mejor.

Entrando al *unknown*

Siempre hemos vivido en medio de la incertidumbre, pero hemos buscado tener alguna idea acerca de lo que viene y la tecnología nos ha ayudado mucho a conseguirlo. Nos ha dado certezas. Gracias a ella podemos anticipar, por ejemplo, a qué horas va a llover, cuándo y dónde, o la llegada de un huracán. Podemos preverlo, pero no predecirlo.

Sin embargo, lo que vivimos en 2020 fue excepcional por la escala y la velocidad con que se fueron dando los acontecimientos. La repentina sensación global de estar maniatados y ser incapaces de vislumbrar el día siguiente nos puso a todos contra la pared y dio origen a un escenario hasta ahora inédito, a un nuevo momento planetario que podríamos denominar "la era de lo desconocido", del "*unknown*".

Una era en la que todos, absolutamente todos los más de 7820 millones de habitantes del mundo[1] nos enfrentamos colectivamente a una misma amenaza, misteriosa, espeluznante y cambiante, que nos paralizó, nos aisló, nos nubló los ojos y nos convirtió en seres indefensos y aterrorizados. Nos obligó a cambiar tanto la vida tal y como la habíamos vivido hasta ese momento, que nos doblegó, nos puso contra la pared, hizo tambalear nuestras nociones y certezas sobre el futuro, y nos situó en el filo de lo desconocido. La sensa-

1. Worldometer. "Población mundial por año". *Worldometer*, 2020. Disponible en: <https://www.worldometers.info/world-population/world-population-by-year/>. Accedido el 7 de mayo de 2025.

ción a escala planetaria de haber perdido por completo el control y de que la vida de todos podía cambiar en cuestión de segundos se volvió palpable y estremecedora y nos puso en un "modo incertidumbre" constante.

Todos los momentos de profunda transformación en el mundo han sido disruptivos y han generado un gran vértigo. La diferencia es que la gran mayoría de los acontecimientos que cambiaron el devenir de la historia, tardaron años, décadas e incluso siglos, lo que nos permitió ir asimilando paulatinamente su impacto.

Trajano, ese emperador cuyas magníficas hazañas quedaron perpetuadas en la inmensa columna romana que aún pervive, no alcanzó a prever que la grandeza de ese imperio que configuró nuestro presente iba a terminar de la forma en que lo hizo. El Imperio romano, cimiento de la civilización, vio llegar su decadencia casi mil quinientos años más tarde. La Primera Revolución Industrial, que reconfiguró completamente el mundo del trabajo en el siglo XVIII, con la invención de aquellas increíbles máquinas de carbón y que dio origen a la modernidad, tardó prácticamente un siglo en ser asimilada. Las grandes invenciones que han revolucionado la forma de comunicarnos como la imprenta, la radio, la televisión, el fax, los teléfonos móviles, internet, el correo electrónico o las redes sociales generaron también grandes transformaciones que dieron lugar a significativas disrupciones en nuestra vida cotidiana. Pero hasta en el caso de las más recientes hemos tenido un tiempo para asimilar su impacto. Incluso la inteligencia artificial, que ha sido quizás la invención más rápida en ser adoptada, hemos podido ir decantándola para entender, en su descomunal magnitud, lo que es y será.

Pero con el covid-19 ese tiempo de asimilación no existió. La disrupción fue de tal magnitud que en cuestión de unos pocos días nos dejó completamente fuera de base, como le pasó al famoso entrenador de fútbol Ted Lasso, protagonista del gran éxito de Apple TV en esos meses: ¿Qué dirían si el dueño de un equipo de *soccer* inglés contratara a un entrenador que nunca en su vida ha jugado ni tenido que ver con ese deporte, sino que, en su lugar, dirigía un equipo de segunda categoría de fútbol americano? Que está loco, fuera de lugar, ¿no?

Pues así quedamos todos con la pandemia, desconcertados, *off-side*, fuera de lugar. Sin haberlo imaginado, nos quedamos solos, encerrados en nuestras casas, con terror al contacto físico con el otro. Nos llenamos de un miedo que se nos volvió norma y nos vimos, de repente, entregando "por motivos de seguridad" todos nuestros datos personales y dejando que nos apartaran, nos escanearan y nos tomaran la temperatura con tenebrosas pistolitas que nos apuntaban en la sien, todo en aras de evitar ser un peligro para el otro. Un "otro" que podía ser nuestra pareja, nuestro hijo, nuestro padre, o nuestro vecino y que, de la noche a la mañana, se convirtió en un riesgo, una amenaza. Nos sumergimos en un universo incierto en el que todos nos volvimos un peligro inminente para ese otro, del que era necesario alejarse.

Y, así, nos volvimos habitantes de un planeta fantasma, casi de ciencia ficción, en donde los cuadros delirantes de las series especulativas tipo *Black Mirror*, escalofriantes pero asimilables mientras siguieran siendo ficción, venían constantemente a nuestra memoria y presagiaban unos escenarios de vigilancia y control bastante más invasivos de lo que cualquiera de nosotros habría imaginado, muy a lo George Orwell y las vigilancias del Big Brother en su clásico *1984*.[2]

Aquellos días en donde todo empezó a cambiar, las cosas cotidianas parecían fotogramas de una película apocalíptica. El covid-19 pa-

2. Orwell, George. *1984*. Debolsillo, 2014. Primera edición original: 1949.

recía otro de los miedos implantados por Hollywood desde siempre. Como en *Epidemia*, de 1995, protagonizada por Dustin Hoffman, donde un virus en el Zaire, que se parecía al Ébola y que los guionistas llamaron Motaba, producía la muerte en 24 horas y la mejor solución que encontró el gobierno estadounidense para detener la propagación fue bombardear el pueblo de origen, con lo cual no solo no lo detuvieron, sino que regresó treinta años después a través del tráfico ilegal de animales. Todo parecido con la realidad que vivimos es pura coincidencia... pues la película fue rodada 25 años antes de que nuestro Motaba cercara el planeta. Lo escabroso es que esa realidad superó la ficción y nos puso en el borde del abismo, en un universo impredecible e incierto como nunca.

La incertidumbre como principio

En la medida en que la incertidumbre ha sido una constante, han sido innumerables los esfuerzos por tratar de entender lo que representa en los diferentes aspectos de nuestra vida. Desde la física cuántica, hace un siglo —en 1925— el físico alemán Werner Heisenberg le cambió el rumbo a las ciencias exactas con lo que se denominó el "principio de incertidumbre", el cual marcó el final de una teoría de la ciencia basada en un modelo totalmente determinista del universo en la que se argumentaba que, conociendo el conjunto de leyes científicas que rigen el universo y su estado completo en un instante de tiempo, era posible predecir todo lo que sucediera.

Heisenberg, quien recibiría el Premio Nobel dos años después de la enunciación de su principio, demostró que no podemos determinar con precisión absoluta la posición y la velocidad de una partícula, como el protón o el electrón, porque mientras más nos acercamos a la posición de la partícula, menos podemos conocer su velocidad y viceversa. Y no es posible hacerlo porque al introducir un método para determinar la posición (por ejemplo, iluminándola con luz), se modifica la velocidad de la partícula. Es decir, el solo hecho de observar el fenómeno para medirlo hace que se modifiquen sus condiciones.

Las ciencias sociales, que también han dedicado numerosos esfuerzos a descifrar la incertidumbre, se apropiaron de este principio y lo interpretaron estableciendo que la realidad se modifica en la medida en que intentamos observarla o, dicho de otra forma, que el observador interviene y modifica las condiciones del objeto cada vez que quiere estudiarlo. Para los científicos sociales, es imposible conocer nuestra realidad social y política sin que nuestra propia intervención la condicione y direccione, porque el solo hecho de observar el fenómeno lo altera.

Tanto el principio de Heisenberg, como sus interpretaciones por parte de los investigadores sociales, dan cuenta del constante interés del hombre por descifrar las implicaciones de vivir en medio de la incertidumbre. No por nada, el filósofo prusiano Immanuel Kant acuñó la frase "se mide la inteligencia del individuo por la cantidad de incertidumbres que es capaz de soportar",[3] o el sicólogo estadounidense Carl Rogers la de "me doy cuenta de que si fuera estable, prudente y estático viviría en la muerte. Por consiguiente, acepto la confusión, la incertidumbre, el miedo y los altibajos emocionales, porque ese es el precio que estoy dispuesto a pagar por una vida fluida, perpleja y excitante".[4]

3. Ethic. "Incertidumbre, ¿aliada o enemiga?". *Ethic*, abril de 2023. Disponible en: <https://ethic.es/2023/04/incertidumbre-aliada-o-enemiga/>. Accedido el 7 de mayo de 2025.

4. Psicología y Mente. "Frases de Carl Rogers". *Psicología y Mente*, mayo 9 de 2024. Disponible en: <https://psicologiaymente.com/reflexiones/frases-carl-rogers>. Accedido el 11 de mayo de 2025.

Lo que sucedió en 2020, sin embargo, es que lo que vivimos con la pandemia llevó esa incertidumbre a otro nivel. Nos impuso una nueva manera de vivir. Si antes el objetivo de cualquier empresario era la planeación, el nuevo escenario que tuvimos que enfrentar tan de repente desarmó cualquier plan. Eso de proyectarnos a cinco años, es más, ¡a un año!, se volvió un imposible pues las condiciones del mundo ya eran todo menos estables. Así que tuvimos que imaginarnos la vida distinta... casi como aquellos que, posiblemente porque su salud los tiene en vilo, viven un día a la vez. Tuvimos que aprender a vivir y a planear únicamente a corto plazo, sin mirar muy lejos y sin ninguna certidumbre sobre el mañana, pero a otro ritmo...

¡Velocidad, velocidad, velocidad!

La velocidad se metió en nuestras vidas desde la creación de las máquinas, después de los coches y más tarde de los aviones y cohetes que han multiplicado la velocidad de la luz. Poder hacer las cosas más rápido ha sido, sin duda, uno de los grandes motores del desarrollo de nuestra civilización. Sería impensable hoy un campo sin tractores, una industria sin máquinas... Movernos en vehículos más rápidos ha representado una gran ganancia. Nos ha permitido explorar el mundo sin las vicisitudes de los conquistadores y colonizadores y nos ha llevado hasta otros planetas.

La velocidad hoy ya no se mide solo en kilómetros por hora sino también en megabytes, en capacidad de red, 4G, 5G, 6G, a través de satélites y sofisticados aparatos que nos indican en nuestro GPS, con altísima precisión, los tiempos y distancias a los que nos encontramos de algún lugar. Somos adictos a la velocidad, que se ha vuelto imprescindible para poder responder a los requerimientos de un mundo tecnificado e hiperconectado que exige cada vez más inmediatez. Una página que se tarde cargando o un teléfono móvil que se demora demasiado en recuperar su batería nos pueden relegar a la retaguardia de la competencia.

Yo mismo me he visto en varias ocasiones presionado por esa exigencia y sintiéndome como Carlos, el protagonista de *No puedo vivir sin ti,* una comedia argentina estrenada en Netflix en 2024, que bien podría ser la hipérbole de la historia de muchos de nosotros que prácticamente no podemos vivir sin nuestros móviles. "Lo primero que hago cuando me despierto es mirar mi móvil... Lo último que hago antes de acostarme es mirar la pantalla de mi móvil... lo uso entre 14 y 16 horas al día... lo desbloqueo 270 veces, una cada cuatro minutos... Trabajo con mi teléfono, me distraigo con mi teléfono... es como una extensión de mi mano" , dice un atribulado y confundido Carlos, protagonista interpretado por el reconocido actor argentino Adrián Suar, en una especie de catarsis en medio de una sesión de terapia de grupo dedicada a ayudar a los adictos al celular a vivir sin él, una suerte de "Alcohólicos Anónimos del Smart Device"...

Científicos de todo el mundo han dedicado años de investigación en busca de materiales y sistemas que nos hagan más veloces. En octubre de 2023, por ejemplo, un equipo de químicos de la Universidad de Columbia, en Nueva York, reveló un nuevo semiconductor superatómico capaz de establecer un récord de velocidad en la transmisión de energía, un material llamado $Re_6Se_8Cl_2$.[5]

Y es que esta sensación de que todo va más rápido es real. Aseguran los científicos que el 29 de junio de 2022 el planeta terminó

5. Neff, Ellen. "A Superatomic Semiconductor Sets a Speed Record". *Columbia Quantum Initiative*, 26 de octubre de 2023. Disponible en: <https://quantum.columbia.edu/news/superatomic-semiconductor-sets-speed-record>. Accedido el 7 de mayo de 2025.

un giro completo en 1,59 milisegundos menos que 86.400 segundos, es decir, en menos de 24 horas.[6] Esto marca un precedente ya que es la vuelta más rápida que se ha registrado desde que se está monitoreando la velocidad de la tierra, hace más de 60 años.

En la vida cotidiana, la creciente velocidad con que van sucediendo las cosas desde que comenzó el encierro del covid, ha tenido un impacto funesto en las personas. Ya no toleramos una respuesta que no sea inmediata. Si por décadas el trabajo se quedaba en la oficina y la tarea que no se resolviera el viernes quedaba aplazada para el lunes, esta decisión hoy no solo podría ser causal de despido, sino que podría poner a la compañía en cuestión de minutos en el ojo del huracán por su incapacidad de reacción.

Me lo decía Martín Migoya, fundador y CEO de Globant, una empresa argentina dedicada a crear soluciones digitales innovadoras que nació en 2003 en un pequeño departamento y que, gracias a la visión y capacidad creativa de Migoya y sus socios, para 2024 contaba con cerca de 30 mil empleados en 30 países e ingresos de alrededor de 2500 millones de dólares. Cuando hablé con él para este libro, me recalcaba precisamente que uno de los desafíos más grandes de las empresas después de la pandemia es seguirle el paso a este frenetismo. "Todos tenemos que pensar ahora en cómo abrazar la tecnología a la velocidad que los consumidores requieren… en qué procesos tenemos que desarrollar para satisfacer su creciente demanda de inmediatez".

Sin duda, la velocidad hoy es un valor. Cuanto más rápido, mejor. Se asocia a una mayor eficiencia, ligada al progreso y la modernidad. La lentitud, en cambio, es considerada inadecuada y sinónimo

6. Lea, Robert. "Earth sets record for the shortest day". *Space.com*, 3 de agosto de 2022. Disponible en: <https://www.space.com/earth-rotation-record-shortest-day>. Accedido el 7 de mayo de 2025.

de cierta torpeza. Al menos esto es lo que nos han dicho, aunque vale la pena anotar que, en contraposición a ello, ha surgido una tendencia de movimientos *slow*, altamente apreciados por una selecta minoría...

En ese sentido, Harmut Rosa, un destacado sociólogo alemán conocido por sus influyentes teorías sobre la aceleración social y las dinámicas de la modernidad y profesor de sociología en la Universidad Friedrich-Schiller de Jena (Alemania), hace una interesante reflexión sobre la velocidad al presentar la aceleración social no como un rasgo individual de las personas, sino como una tendencia sistémica de nuestro tiempo.[7] Es decir, nos aceleramos a nivel individual debido a que nuestro contexto nos impulsa a ello.

En el caso de la pandemia, fue la velocidad con la que sucedieron los hechos y con la que tuvimos que aprender a acomodarnos a los cambios que llegaron a nuestras vidas lo que convirtió el "modo incertidumbre" en un estado predominante que nos llenó de angustia y ansiedad.

A diferencia del grado de incertidumbre al que estábamos acostumbrados y habíamos aprendido a manejar, en esos meses en donde perdimos la noción del tiempo, la incertidumbre se volvió contagiosa y las conversaciones cotidianas y las frenéticas noticias sobre lo que estaba pasando, lejos de tranquilizarnos, nos llevaban a una perplejidad aún mayor. En este caso, no éramos espectadores de algo que sucedía en otras latitudes, sino que todos —sin importar el lugar del planeta en que nos encontráramos— éramos protagonistas transitando a ciegas por un túnel, a rastras, hacia un lugar desconocido. Nadie sabía cómo iba a terminar. Y, así, contra

7. Rosa, Hartmut. *Alienación y aceleración: Hacia una teoría crítica de la temporalidad en la modernidad tardía*. Traducido por Fernando Campos Medina, Editorial Katz, 2016.

la pared por una enfermedad, tuvimos que empezar a buscar cómo sobrevivir.

La pantalla protectora

Cuando miro hacia atrás y recuerdo la desolación que sentí en el aeropuerto de Miami en esos primeros días de marzo de 2020, pienso en que jamás me habría imaginado que el oficio al que le he dedicado mi vida —la comunicación— sería el pegamento que uniría esta humanidad dispersa, gobernaría el caos en el que nos encontrábamos y se convertiría en un vector de esperanza, en una herramienta poderosa y esencial en esta nueva era de lo desconocido. Porque si la pandemia nos encerró, la comunicación nos tiró un salvavidas.

En ella cifró nuestra sociedad sus posibilidades de acertar. Fue la que nos unió para atender colectivamente lo que no podía ser acción individual ni fragmentada como la salud pública; nos tradujo la perplejidad y redujo la incertidumbre al informarnos y orientarnos; desconfinó a la ciencia de los laboratorios y permitió una apropiación social del conocimiento que resultaría definitiva para superar la crisis; nos ayudó a derrotar el miedo y nos protegió de los peligros de la calle a través de las pantallas.

La comunicación nos dio poder a los ciudadanos para contar nuestras historias, para pasar de víctimas y seres anodinos a protagonistas visibles, activos, conectados y partícipes en el rumbo de nuestro propio destino y el de los otros. Además, y, sobre todo, nos hizo más sensibles y solidarios frente al dolor de los demás al permitirnos acceder a la intimidad de sus vidas, al reportarnos día a día sus angustias, al dejarnos ver cómo transcurría la cotidianidad en todos sus espacios, de los domésticos a los de la vida laboral…

Fueron las palabras intercambiadas la rama de donde nos agarramos para atravesar las arenas movedizas. La comunicación, en definitiva, nos permitió ver claro aquello que nos mantuvo vivos: que no estábamos solos. Fue, en esos momentos inciertos, donde pudimos interactuar con los otros.

Lo que no podíamos hacer de manera física, lo hicimos en la virtualidad. Ahora bien, que esto se haya salido de nuestras manos y sean las redes las que hoy nos desconectan de la vida real es un efecto colateral, pero de eso hablaremos más adelante. En su momento, durante el covid, la comunicación a través de las pantallas fue la salvación.

Y si fue la vacuna más rápida de la historia la que nos blindó, fueron las palabras las que nos permitieron nadar acompañados y, de esta forma, reducir un poco la incierta condición de casi todo. La posibilidad de, a pesar del encierro, poder comunicarnos los unos con los otros y no sucumbir ante ese tenebroso *unknown* revistió nuestro mundo de posibilidades, de historias que le pusieron nombre y cara a lo que nos estaba sucediendo.

Porque necesitábamos entender lo que estaba transformando al mundo. Todos fuimos testigos de ello: la pandemia se rebasó desde la comunicación desde ese día en el que se le dio nombre públicamente. Comunicándonos, la contamos y superamos.

En lo científico necesitábamos voces que nos dijeran qué estaba ocurriendo, cómo podía transmitirse el virus y cómo protegernos. Necesitábamos también conocer las historias de esos médicos e investigadores de bata que trabajaban sin cesar en los laboratorios, sin saber si era de día o de noche, consagrados a la tarea de intentar salvarnos, inventándose una vacuna. Y también las de aquellos que, para cuidarnos, se lanzaban al vacío de esa calle infectada y se exponían por nosotros. Y de cómo los chinos, los rusos, los indios y los estadounidenses y los ingleses —a veces compitiendo, a veces colaborando— transitaban en una carrera de obstáculos y batallaban por encontrar primero el remedio a nuestro mal universal.

Fue así como supimos que las potencias estaban inyectando millones en recursos en una apuesta arriesgada pero indispensable y también de los miles de personas que se entregaron a la ciencia para que probaran con ellos y así, entre placebos e inoculaciones experimentales, acelerar los resultados que todos reclamábamos. Historias, nos llenamos de historias.

Como los dioses, fuimos conscientes de que habíamos entrado en una nueva era donde teníamos la capacidad de crear nuestra propia narrativa o deshacernos de ella, reescribiéndola, en un abrir y cerrar de ojos, pulsando el ON y el OFF de nuestros aparatos, que nos permitían aparecer y desaparecer a voluntad.

Al no tener que pedirle permiso a nadie para poder circular masivamente nuestros contenidos, pasamos de ser simples espectadores a tener el poder en nuestras manos, a ser protagonistas, actores empoderados. Vimos la fuerza que podíamos tener por nosotros mismos si hacíamos llegar lo que queríamos decir a ese ciberespacio infinito en donde miles, millones, nos verían. Al no saber a ciencia cierta qué éramos ni dónde estábamos, nos inventamos lo que queríamos mostrarle al mundo de nosotros mismos.

Narrarnos, contarnos para otros y con otros, se convirtió en la forma de transcurrir. Así era posible una vida controlable, con más certezas, una vida paralela de la que éramos dueños y señores, y eso nos permitió reducir la incertidumbre. Confinados, completamente aislados del mundo tal y como lo conocíamos hasta ese momento, nos fue posible inventarnos una existencia desde la pantalla. De hecho, hasta se consolidó una generación cuyo mundo sucedió exclusivamente en ellas —con todas sus nefastas consecuencias— como lo veremos más adelante.

En este mundo de la vida como narración, pudimos recuperar parte del control que habíamos perdido y protegernos para trabajar, estudiar, crear, amar, imaginar, maldecir... A través de la pantalla fuimos capaces de modular el miedo y evitar el acecho del contagio en las calles, resguardados y libres nos inventamos una existencia muchas veces más entretenida, excitante, ingeniosa y, definitivamente, menos peligrosa e incierta.

En pocas palabras

- A diferencia de otros momentos de profunda transformación que también han sido disruptivos, la pandemia no nos dio tiempo para asimilar su impacto.
- El "modo incertidumbre" se convirtió en un estado predominante que nos llenó de angustia y ansiedad. Entramos en la era de lo desconocido, del *unknown*.
- La comunicación, apoyada por la tecnología, se convirtió en el salvavidas para superar la incertidumbre y el encierro.

Capítulo 3

El poder de la resiliencia

Siempre habrá un antes y un después del covid. El encierro al que nos obligó la pandemia nos partió la vida en dos. Al ponernos al límite, nos paró sobre lo esencial y nos acercó a lo importante. Ante el abismo en el que nos encontrábamos y el temor a perderlo todo, incluso la vida, se despertó nuestra capacidad de supervivencia y empezamos a luchar con herramientas que ni siquiera sabíamos que teníamos. En ese "modo incertidumbre", todo cambió y, ante la disrupción, tuvimos que buscar mecanismos de continuidad, cualquier cosa a la que pudiéramos agarrarnos para sobrevivir.

Según la teoría de la selección natural de Darwin, las especies que sobreviven no son las más fuertes, ni las más rápidas, ni las más inteligentes; sino aquellas que se adaptan mejor al cambio,[1] máxima que a los ojos de hoy es más que reveladora. Y es que, una situación extrema como la padecida en 2020 nos llevó, irremediablemente, a enfrentarnos con el espejo y a vérnoslas con nosotros mismos. Yo con yo, nosotros con nosotros, esa fue la consigna que se nos impuso… sin haberlo pedido.

1. Darwin, Charles. *El origen de las especies*. Edaf, 2000. Primera edición original: 1859.

Fundando en la incertidumbre un nuevo estado, se puso a prueba, como nunca, nuestra flexibilidad y capacidad de adaptación. La fuerza de la necesidad logró contrarrestar la resistencia natural que solemos tener frente al cambio, remover barreras emocionales y trabas mentales para lograr pasar del "modo incertidumbre" al "modo supervivencia". Tuvimos que volvernos otros.

Adaptarnos para sobrevivir

La pandemia sacó el superhéroe que cada uno de nosotros tenía guardado en su armario. Nos dio los superpoderes que necesitábamos para reconocernos en un momento en donde ninguno sabía dónde estaba. Nos hizo blindarnos con fuerzas que pensábamos que no teníamos y que nos permitieron nadar en la oscuridad. Sin el control que creíamos tener, muchos entendimos por primera vez lo que significaba ser "resiliente"... Un concepto que había estado confinado hasta entonces a los dominios de los científicos sociales pero que, ante la adversidad, descubrimos a la fuerza. Teníamos que ser capaces de encontrar el camino para salir del túnel en el que nos encontrábamos.

La resiliencia, según la Real Academia Española, es la "capacidad de adaptación de un ser vivo frente a un agente perturbador o un estado o situación adversos". Y eso fue lo que hicimos: adaptarnos. No es casual que la palabra "resiliencia", que ahora es prácticamente parte de nuestro léxico cotidiano, fuera una de las palabras más tecleadas en los buscadores en esos tiempos en reacomodación. Todos tuvimos la necesidad de ponerle nombre a lo que nos estaba pasando.

Confieso que había oído la palabra resiliencia, pero no sabía muy bien su significado. Sin embargo, hablando con personas de países con conflictos, entendí que se usaba frecuentemente en sociedades traumatizadas. Quienes han padecido guerras o han vivido en medio de turbulencias sociales que han trastocado sus vidas y puesto fin a la tranquilidad sí saben bien lo que significa. Las víctimas están entre quienes mejor la conocen porque se la han apropiado como fórmula de supervivencia para ser capaces de volver a empezar y no vivir definidos exclusivamente desde la tragedia.

Recuerdo que me conmoví mucho cuando, en un viaje a Bogotá, pasé por "Fragmentos", un gran monumento a las víctimas de la guerra en Colombia. Era impactante ver que fueron las mujeres agredidas sexualmente durante el conflicto las que, en un acto de reparación simbólica, martillaron las armas entregadas por el grupo guerrillero de las Farc gracias al proceso de paz que hizo ese país, y con ellas construyeron el piso de ese inmenso recinto. Estando ahí entendí lo que significa resiliencia y el valor que representa asumir el dolor y volverlo otra cosa, algo que, además, nos permite reflexionar y conmovernos a todos.

Buscando quien me ayudara a entender cómo habíamos logrado poner en marcha colectivamente ese poderoso mecanismo de supervivencia que es la resiliencia, encontré a Facundo Manes, un destacado neurólogo y neurocientífico argentino, reconocido internacionalmente por sus investigaciones sobre el cerebro y la cognición humana y quien durante la pandemia enfatizó muchísimo cómo las dificultades pueden llevarnos a reforzar valores como la empatía y el bienestar colectivo. "Después del *shock* y el dolor iniciales, de la sensación de pérdida, muchos superamos el impacto emocional y empezamos a tener más sentido del propósito, más aprecio por los vínculos, y el bienestar de los demás comenzó a ser más importante que el propio. Nos volvimos más conscientes de que nuestra supervivencia estaba ligada a la supervivencia de todos", me dijo Manes, y concluyó: "las personas resilientes encuentran forma de sanar y seguir avanzando hacia los objetivos".

Manes considera incluso que la pandemia, una vez superada, nos blindó con una energía desconocida que muchos teníamos en nuestro interior. "Descubrimos una nueva fuerza y una confianza interna que nos llevó a apreciar mucho más los vínculos y las relaciones humanas. Muchos pudimos volvernos más altruistas y compasivos, y el bienestar de los demás comenzó a ser más importante que el estatus personal".

Además de ser uno de los neurocientíficos más reconocidos del planeta, Facundo Manes escribió varios libros. Su saga sobre el cerebro (*Usar el cerebro*, *El cerebro argentino* y *El cerebro del futuro*, escritos junto a Mateo Niro) se convirtió pronto en *bestseller* mundial. Lo mismo sucedió con *Cerebros en construcción*, que escribió junto a la reconocida neurosicóloga argentina María Roca.

Con la idea de que esa especie de trance colectivo que representó la pandemia nos había transformado a todos irreversiblemente, busqué también a la doctora María Roca, quien me lo corroboró sin dejar espacio alguno para dudas. "Definitivamente el mundo cambió después del covid... Todos cambiamos un poco, más allá de haber contraído o no el virus... La pandemia en sí misma, el aislamiento, nos cambiaron como sociedad y como individuos", afirmó la investigadora en forma categórica.

Meses después me encontré con el doctor Michael Ungar, fundador y director del Centro de Investigación de Resiliencia de la Universidad de Dalhousie en Canadá, con quien sostuvimos en junio de 2024 una muy reveladora conversación sobre ese mismo tema. "Creo que lo que hizo el covid fue que, a una escala global, comenzamos a pensar en los múltiples sistemas que tenían que trabajar juntos para superar una crisis que nos afectaba a todos, y la gente comenzó a darse cuenta de que nuestra resiliencia, nuestra capacidad colectiva para afrontar la situación, estaba muy vinculada a lo que estábamos haciendo antes del covid, a nuestro sentido de cohesión, de comunidad, nuestra creencia en la ciencia, nuestra fe en las instituciones, nuestro acceso a la atención médica, nuestro trato equitativo hacia las personas", me explicó.

Todos estos aspectos que tal vez antes se daban por sentado, o en los que simplemente no se pensaba mucho, de repente se volvieron extremadamente importantes, me aseguró el doctor Ungar, originario de Montreal (Canadá) y una de las figuras más destacadas en la investigación sobre la resiliencia. Su interés en el tema surgió a través de su trabajo social, donde observó la capacidad de resiliencia en jóvenes en situación de riesgo, lo que lo inspiró a desarrollar un enfoque integral —que abarcara aspectos familiares, sociales y ambientales— para comprender y promover la resiliencia en diversas culturas y comunidades, lo cual le ha ganado un gran reconocimiento e influencia a nivel internacional.

El ejemplo que me puso nos lo hace comprender mejor. "Si uno necesita hacer compras y está encerrado porque tiene el sistema inmunológico comprometido, o tiene covid, de repente depende desesperadamente de sus vecinos. Ante esa situación lo que sucede es que uno comienza a pensar no solo en el hecho de que está en una pandemia, sino en cómo superarla... La resiliencia tiene que ver con el crecimiento y el cambio. Se trata de una transformación", me explicaba este destacado profesor universitario.

Y es justo por eso, porque al ver cómo nos contagiábamos y muchos se morían nos tocó asumir el cambio y, con resiliencia, adaptarnos a una nueva realidad —lo que representó la transformación colectiva más importante de nuestro tiempo—, que hoy podemos decir que somos otros. Otros más flexibles y quizás con mayor capacidad para enfrentar lo inesperado, porque es claro que otra pandemia como la vivida, o peor, es un escenario posible en los años por venir y que seremos otros para enfrentarla.

El hombre siempre buscó certezas, tener una visión por lo menos aproximada de lo que le esperaba... si va a llover, dónde y cuándo, qué va a pasar con la economía, quién va a ganar las elecciones... y la ciencia y la tecnología ha venido encontrando la manera de responder a sus incógnitas. En ese largo primer año de la pandemia, nadie tenía idea de lo que iba a pasar el siguiente día. Y así, en ese terreno del *unknown*, aprendimos que lo que nos podía sacar de ese lugar en el que nos arrinconó el virus chino en el que muchos nunca creyeron estaba en lo más profundo de nosotros mismos.

En palabras del doctor Ungar, de lo que se trata es de "encontrar una nueva normalidad que integre lo que uno ha experimentado, pero que le permita afrontarlo mejor". Volver sobre nosotros mismos para encontrar las claves que nos permitan descifrar lo que hemos vivido y construir sobre ello. Es decir, convertir la crisis en una oportunidad para transformarnos y fortalecernos para ser otros... Una idea que coincide con la propuesta de la necesidad de un "reinicio" que plantearon otros pensadores.

El gran reseteo

Las pandemias siempre han existido y han sido una parte integral de la historia humana. "En los últimos 2000 años han sido la regla, no la excepción —escribieron Klauss Schwab y Thierry Malleret en *COVID-19: El gran reinicio*, libro publicado en plena crisis sanitaria, en junio de 2020—.[2] Debido a su naturaleza intrínsecamente

2. Schwab, Klaus y Thierry Malleret. *COVID-19: El gran reinicio*. Forum Publishing, 2020.

disruptiva, las epidemias a lo largo de la historia han demostrado ser una fuerza para cambios duraderos y a menudo radicales: han provocado disturbios, enfrentamientos demográficos y derrotas militares, pero también han desencadenado innovaciones, redibujado fronteras y a menudo han allanado el camino para revoluciones".

Todos estos hechos nos cambiaron y modificaron el paisaje de cada una de las sociedades en las que se produjeron, así como el covid se convirtió, de alguna manera, en una revolución de nuestro tiempo. Nos marcó en forma indeleble y nos llevó a mirarnos de nuevo a nosotros mismos y pensar en la necesidad de transformarnos para adaptarnos y enfrentar las nuevas circunstancias, en la urgencia de parar a fin de hacer un gran reinicio, un "gran *reset*" de todos y de todo.

Me gusta mucho esa idea del "reinicio" planteada por Schwab y Malleret en su libro y me parece de gran importancia el alcance que se quiso darle posteriormente. Schwab, fundador y hasta enero de 2025 presidente ejecutivo del World Economic Forum, WEF, la retomó y logró que el Foro —que reúne cada año a cientos de líderes de gobiernos, empresas y la sociedad civil en busca de plantear soluciones a los problemas del mundo— se la jugara lanzando en junio de 2020 una propuesta global de hacer un "gran reinicio del capitalismo" que nos llevara a pensar y actuar conjuntamente "para enderezar todos los aspectos de nuestras sociedades y economías".

Aunque —como estamos viendo cinco años después— ese gran reinicio está aún lejos de darse, en su momento el *Manifiesto del Foro de Davos* de 2020[3] marcó un hito en el mundo económico y

3. El concepto del "gran reinicio" (*great reset*) fue presentado oficialmente por Klaus Schwab, fundador del Foro Económico Mundial (WEF), durante la reunión virtual de Davos en junio de 2020, en medio de la pandemia de covid-19. La propuesta se centraba en reconstruir la economía global con base en los principios de sostenibilidad, equidad y cooperación después de

empresarial y sirvió de escenario para debates que se activaron tras la pandemia y que siguen siendo fundamentales hoy. Creo que fue una propuesta radical en un escenario radical como el que vivimos, y una invitación concienzuda a aprovechar la crisis global generada por el covid para recuperar el rumbo porque —como lo dicen Schwab y Malleret— no solo la crisis mundial desencadenada por la pandemia del coronavirus no tiene paralelo en la historia moderna, sino que "es nuestro momento decisivo, estaremos lidiando con sus consecuencias durante años, y muchas cosas cambiarán para siempre".

Y es que, como bien lo explican estos dos autores a lo largo de las páginas de ese libro, que a la luz de hoy resulta demasiado optimista pero que en su momento fue un llamado a reimaginarnos y reinventarnos como respuesta a la crisis, lo cierto es que las pestes han sido, en gran medida, detonantes de los cambios del planeta.

Si lo vemos con detenimiento, de las grandes catástrofes humanas han nacido también las más originales soluciones surgidas del talento humano y de su permanente lucha por sobrevivir. Como me lo decía Malleret —PhD en economía, cofundador del *Monthly Barometer* y a quien busqué en su casa en Francia para que me ampliara esa tesis del gran reinicio—, "está comprobado históricamente que las pandemias pueden sacar lo peor de la gente, pero también lo mejor".

Basta revisar un poco la historia, como ellos lo hacen juiciosamente, para poder poner en perspectiva lo que vivimos en 2020, y así poder entender el impulso que nos forzó a buscar salidas y que activó la resiliencia que teníamos guardada. De muchas de esas

---

la crisis sanitaria mundial. Foro Económico Mundial. "Now Is the Time for a 'Great Reset'". *World Economic Forum*, 3 de junio de 2020. Disponible en: <https://www.weforum.org/agenda/2020/06/now-is-the-time-for-a-great-reset/>. Accedido el 8 de mayo de 2025.

batallas por la supervivencia nacieron algunos de los grandes inventos y prácticas que nos han salvado y prolongado la vida. Desde la canalización de las aguas en las ciudades, pasando por el torniquete, la penicilina, las vacunas preventivas y la higiene personal, por mencionar tan solo unos cuantos ejemplos.

Un nuevo movilizador

La capacidad de adaptación del ser humano y de la naturaleza que lo rodea no es nada nuevo. Venimos haciéndolo desde hace milenios. Lo que sí resultó enteramente novedoso en la pandemia es la velocidad con la que lo hicimos. Las circunstancias extremas que vivimos pusieron en marcha, en cuestión de días, un poderoso mecanismo que nos permitió adaptarnos a esa "nueva normalidad".

Si antes las grandes transformaciones se contaban en eras, en siglos o en décadas, lo que vivimos con la pandemia no nos dio ese compás de espera. Nos obligó a tomar medidas trascendentales y con carácter urgente en cuestión de días e incluso de horas. Nos dijo: "o asumes esto y te vacunas, o quizá nos moriremos todos". Muchos no lo lograron, y es una tragedia, pero debemos admitir que, en su inmensa mayoría, la humanidad fue capaz de cambiar el chip y de ponerse en modo supervivencia.

Claudio Muruzabal, quien hasta el momento de la entrevista era el máximo responsable de todo el negocio internacional de la multinacional alemana SAP —experta en diseño de productos informáticos para las empresas, con un presupuesto nada más ni nada menos que de 30 mil millones de dólares—, es un hombre mesurado en lo que dice y en cómo lo dice, aunque lo que hace y las necesidades que tienen sus clientes, sobre todo en los últimos años, le deberían alterar el ritmo cardiaco.

Lo busqué porque quién mejor que él para explicar la meteórica adopción tecnológica que vivimos en estos años. Me dijo algo que me resultó clave y es que, si antes la aplicación de la tecnología se medía en años y requería un esfuerzo enorme, “hoy lo medimos en meses, e incluso algunas de ellas en semanas: diseñamos al mismo tiempo que configuramos la tecnología”. Y eso lo produjo la pandemia al forzarnos a cambiar el *mindset* de cómo producíamos las cosas. Uno de los ejemplos más claros —y quizás el más importante— fue la vacuna, en la que se empezó a trabajar a varios niveles al mismo tiempo, en lugar de hacerlo secuencialmente como era lo habitual.

Y fue así como, de repente, esa cotidianidad que dominábamos y ese terreno que creíamos seguro y en donde caminábamos a diario, se nos desconfiguró. Era como si hubiéramos cambiado de plano y nuestra realidad se hubiera trasladado ¿a un videojuego lleno de obstáculos? Así que nos tocó echar mano de nuestros trajes de superhéroes y ponernos en modo R, de “resiliencia”.

Con ella vendrían otras dos fuerzas que no sabíamos que teníamos pero que allí estaban, músculos que teníamos pero que no habían sido entrenados: la flexibilidad y la capacidad de adaptación, ambas claves en esta nueva configuración de todos nosotros. En ese “ser otros”.

La reconfiguración del espacio

Por cuenta del encierro y contra natura, nuestra casa pasó a ser el escenario de todo. Reconfiguramos y aprendimos a hacerlo todo desde allí. La conexión a internet se convirtió en nuestro respirador artificial.

Estar en casa permanentemente durante la pandemia nos exigió darles nueva forma a nuestros espacios. Nuestro hogar dejó de ser el lugar dedicado al descanso y pasó a convertirse en el escenario de todo lo que sucedía en nuestras vidas, en el refugio para cualquier tempestad.

Y así como en un momento dado entendimos que la cocina ya no podía ser un espacio cerrado, sino que hacía parte de nuestra vida social y empezamos a fusionarla con el living, el lugar para trabajar se fue convirtiendo en un espacio vital de la casa. La necesidad de un espacio designado específicamente para conectarnos con nuestro trabajo dejó de ser un lujo de pocos para convertirse en una necesidad de muchos.

No por nada el segmento de remodelación de las tiendas de departamento tuvo un crecimiento sin precedentes durante la pandemia y aún hoy se mantiene. Leroy Merlin, una multinacional francesa con presencia en casi toda Europa (una suerte de megaferretería al estilo de Home Depot), dice que, a los esfuerzos de renovación en los hogares para la ampliación de terrazas, balcones, mejora de cocinas y baños, se ha sumado algo clave en estos tiempos: los aislamientos térmicos y acústicos.[4]

Pero estos no fueron los únicos cambios en el diseño de los espacios que nos dejó el confinamiento. Solo debemos mirar alrededor nuestro para constatarlo. El habernos visto privados de contacto con la naturaleza por tanto tiempo, nos llevó a muchos a tratar de integrar elementos naturales en los diseños de nuestras casas, tanto en el material de los muebles como en las superficies, y a darles una gran importancia a los jardines y zonas verdes en nuestros entornos más cercanos.

4. Leroy Merlin. "Evolución del sector de las reformas: situación pre y post covid". *Leroy Merlin España*. Disponible en: <https://www.leroymerlin.es/ideas-y-consejos/consejos/evolucion-del-sector-de-las-reformas-situacion-pre-y-post-covid.html>. Accedido el 8 de mayo de 2025.

Y aunque pasada la pandemia las oficinas se reactivaron por presión de los jefes o por hartazgo, nada parece indicar que las cosas volverán a ser como antes del 2020. Lo veo en los grandes centros urbanos, donde importantes edificios de oficinas han cambiado de uso para convertirse en espacios de *coworking*, hoteles o viviendas.

Aseguran los expertos que pasará por lo menos una década más antes de que la demanda por este tipo de espacios regrese a los niveles de 2019, mientras el mercado mundial de los dedicados al *coworking* se calcula que llegará alrededor de los 73 mil millones de dólares en 2032.[5]

Es por ello por lo que los urbanistas sugieren adoptar, también en los espacios, modelos híbridos donde se combinen distintos tipos de uso. ¡Incluso a la arquitectura se le pide adaptabilidad y flexibilidad! Y las oficinas no tendrán tampoco por qué ser solo un lugar para trabajar. También pueden ser un espacio donde los empleados disfruten pasar el tiempo y puedan participar en eventos y actividades interesantes. "Para los pisos —al igual que para los edificios y los vecindarios— convertir los espacios vacíos en lugares híbridos puede no ser simplemente una forma de contrarrestar el daño causado por la pandemia. Podría ser una forma de preparar las ciudades para un futuro dinámico y próspero", asegura el McKinsey Global Institute en uno de sus estudios sobre el tema.[6]

5. Business Research Insights. "Tamaño del mercado del *coworking*, participación y análisis de la industria, por tipo (tiempo completo y medio tiempo), por aplicación (finanzas, *software* de TI y servicios, legal, marketing y otros) y pronóstico regional para 2031". *Business Research Insights*. Disponible en: <https://www.businessresearchinsights.com/es/market-reports/coworking-market-117634>. Accedido el 11 de mayo de 2025.

6. McKinsey Global Institute. "Espacios vacíos y lugares híbridos". *Proptech Latam Connection*, Reportes e Informes, 18 de agosto de 2023. Disponible en: <https://proptechlatamconnection.com/espacios-vacios-y-lugares-hibridos-mckinsey-global-institute/>. Accedido el 11 de mayo de 2025.

De eso mismo me hablaba Richard Florida, uno de los urbanistas más reconocidos en el mundo y autor del *bestseller La clase creativa*, publicado en 2002. En medio de la pandemia y el encierro, Richard me explicaba que en un escenario poscovid ya no habría que pensar en oficinas sino en "un nuevo ecosistema del trabajo, teniendo en cuenta el trabajo remoto y la necesidad de proveer espacios destinados a la tecnología, el entretenimiento y todo lo demás".

Lo estamos viendo. A medida que el trabajo *online* y el comercio electrónico se van acomodando en nuestra nueva vida pospandemia, estos espacios de los que habla Richard —ubicados mayormente en las zonas suburbanas de las grandes ciudades del mundo— están siendo reconvertidos en lugares de trabajo y entretenimiento para las personas que viven en la zona con el fin de que ya no tengan que desplazarse durante horas para ir a laborar en el centro de la ciudad.

Richard también hizo cambios fundamentales en su propia vida. Decidió mudarse al estado que lleva su apellido, el estado de la Florida en Estados Unidos, como consecuencia del replanteo que se hicieron millones de personas como él, que buscaron que el equilibrio laboral y de vida se combinara con naturaleza y bienestar.

Por ello, no es gratuito que Miami y el estado de la Florida en general se convirtieran en grandes receptores de contingentes de personas que se mudaron allí sin dudarlo. "No solo es un tema de reconfiguración de espacios físicos sino la adaptación de todos los servicios subterráneos que deberán adaptarse. Si vamos a trabajar en el lugar donde vivimos, vamos a pasar más tiempo allí y por consiguiente vamos a usar más servicios básicos como los sanitarios.

Los edificios de viviendas están pensados para que los inodoros, por ejemplo, sean utilizados una cantidad de veces por día, pero si todos vamos a vivir en casa y estar ahí más tiempo, tenemos que reconfigurarlos. El sistema de agua y cloacal va a colapsar", me decía Richard sobre las consecuencias de estas transformaciones.

Al igual que el urbanista Florida, Ben Pring, cofundador del Centro Cognizant para el Futuro del Trabajo, aseguraba en el estudio *The Timeline of Next* (2021) que "en el futuro, una oficina jugará tres roles: una sala de exposiciones, un laboratorio de Investigación y Desarrollo y un lugar para la fiesta. El laboratorio será donde la salsa se cocina, donde los relojes y los móviles y los implantes cerebrales se sueñan y se diseñan para ser luego expuestos. Y como espacio para la fiesta, se realizará el encuentro mensual social/de reuniones colaborativas (en lugar de la anual que tradicionalmente organizan las empresas) que tienen como fin desarrollar una cultura, una red y un vínculo".[7] Nada más cierto, pues ya lo estamos viendo.

El cambio no ha sido solamente en el cómo sino también en el qué. "Las habilidades están cambiando constantemente. En este momento hay millones de personas trabajando, por ejemplo, en las redes sociales (y ahora en inteligencia artificial) y esos son empleos que no existían hace 15 años, todos son trabajos nuevos", me decía el futurólogo Gerd Leonhard, pensador suizo-alemán especializado en el impacto de la tecnología en la humanidad y una de estas personas que dedican su vida a revisar patrones de conducta para imaginar cómo podría ser el después.

Apenas levantados los confinamientos y en su estudio en Zúrich, encontré a este pensador alemán que se ha convertido en una especie de *rockstar* que defiende a capa y espada la sabiduría de las masas. Me decía que "la capacitación, los cambios constantes

7. Cognizant. *The Timeline of Next: The Future of Work Is Still Being Written*. Cognizant, 2023. Disponible en: <https://www.cognizant.com/en_us/insights/documents/the-timeline-of-next-codex6523.pdf>. Accedido el 11 de mayo de 2025.

y la colaboración permanente deberán ser parte ahora de la oferta laboral. A muchos empleadores les resultará muy difícil retener a la gente cuando la empresa no ofrezca algo realmente atractivo y, en su lugar, te digan que tienes que estar en la oficina a las ocho en punto", me insistía con la visión y asertividad que lo caracteriza. Una profunda transformación en el escenario laboral a la que nos referiremos en mayor profundidad más adelante y que, sin duda, nos ha hecho otros.

En pocas palabras

- Vivir permanentemente en medio de la incertidumbre puso a prueba nuestra flexibilidad y capacidad de adaptación.
- Del "modo incertidumbre" tuvimos que pasar al "modo supervivencia" y descubrir a la fuerza el significado y el valor de la resiliencia.
- Adaptarnos a la nueva realidad creada por la pandemia y el confinamiento representó la transformación colectiva más importante de nuestro tiempo, un gran reinicio que nos llevó a reconfigurar muchos aspectos de nuestra vida en lo personal, lo profesional y lo social.

Capítulo 4

El futuro más allá de lo híbrido

Durante la pandemia nos mandaron a casa y nos encerraron a todos, sin excepción. Incluso en algunos países, el que se atrevía a salir corría el riesgo de ser sancionado por la ley. En sitios como el estado de la Florida, donde el confinamiento no fue tan drástico, quienes iban a la oficina eran vistos con malos ojos, como una especie de anticristos.

Ello significó un cambio radical en el campo del trabajo. Todos estábamos perdidos y parecíamos una veleta sin control, unos sin saber cómo manejar las empresas en esta nueva situación, otros, aterrados frente a la incertidumbre de no saber si tendrían trabajo al día siguiente. Sin saber a ciencia cierta cuánto duraría el confinamiento y con la convicción de que sería una cuestión de semanas, intenté tranquilizar a la gente de mi oficina y minimizar la situación. Sin embargo, esa imagen del aeropuerto de Miami completamente vacío me daba vueltas en la cabeza y me hacía pensar que quizás las cosas eran más graves de lo que creía.

Me convencí pronto de que era necesario un plan de trabajo *online*. Como en la mayoría de las oficinas, enviamos a los empleados a su casa, los dotamos de las herramientas tecnológicas necesarias, y empezamos todos a teletrabajar. Para mí, que soy de contacto personal y estaba acostumbrado a moverme permanentemente de un lado a otro del mundo, encerrarme en casa a sostener reuniones virtuales con mis clientes significó un cambio radical que me costó muchísimo, pero lo hice, como todos lo hicimos. No teníamos alternativa y, afortunadamente, nuestro tipo de negocio nos lo permitía. Lo que no calculamos en ese entonces —porque no teníamos idea de cuánto se prolongaría el confinamiento y cuánto nos afectaría— fue la dimensión del cambio que eso representaría en el escenario laboral.

Para Martín Migoya, este era también uno de los grandes interrogantes al comienzo de la pandemia. "¿Cómo vamos a hacer las empresas para lograr que la gente, a pesar de que trabaje desde su casa, se encuentre? ¿Cómo van a tener que ser las oficinas para adoptar este nuevo formato? ¿Cómo vamos a poder recrear esos entornos sociales?", se preguntaba cuando hablamos.

Nuevos paradigmas

El teletrabajo al que nos vimos forzados durante el confinamiento demostró, indiscutiblemente, que habíamos estado viviendo con modelos de presencialidad caducos que hoy están muy revaluados y que la presencialidad no era una fórmula infalible para la eficiencia empresarial. Ezequiel Glinsky, *General and Customer Success manager* para Latinoamérica de la gigante tecnológica Microsoft, en un muy interesante intercambio de ideas unos meses después de terminada la pandemia, nos decía que en una encuesta realizada dentro de la compañía, el 73% de los empleados consideraron que la productividad de la empresa se mantuvo durante ese periodo e incluso mejoró, lo que según él desmontó "muchos fantasmas y dudas respecto de qué pasaría si no íbamos a las oficinas". Y ya comprobamos que muchos cargos pueden desempeñarse de esta manera.

Y si esto ya marcaba una tendencia clara, conversar con Gerd Leonhard —de quien hablamos en el capítulo anterior; una de esas mentes que se adelantan al tiempo para advertirnos hacia dónde vamos— me hizo ver con más nitidez la importancia de exaltar la inteligencia de lo colectivo, sus intuiciones y búsquedas. De hecho, Leonhard —observador incansable del cruce entre tecnología y condición humana— me pareció la persona ideal para ayudarme a entender el momento por el que estábamos transitando durante el covid y sus ideas sobre la esfera del trabajo me resultaron muy reveladoras: "Básicamente cada aspecto del trabajo cambiará, empezando porque es posible que ni siquiera tengamos un trabajo. Podrá ser, en su lugar, una misión o un contrato para realizar una actividad para la que me paguen por las horas que emplee para ello. Algo así como ser *freelance*, pero con un sistema social funcional". Nada más visionario, como constatarán unas páginas más adelante...

Al seguir haciendo de arqueólogo y buscando pistas que me dieran luces sobre los cambios que nos generó esta revolución de la pandemia, me encontré también con Orlando Ayala, que trabajó en Microsoft durante 24 años y de quien se decía que le hablaba al oído a Bill Gates y ocupaba la oficina de al lado de la del fundador de Microsoft. En una larga charla desde su casa en el estado de Washington me decía a finales de 2022 que, sin duda, "el trabajo híbrido es un hecho y no va a volver a ser completamente desde la oficina porque con él vas a tener oportunidad de conseguir talentos con los que antes no podías contar. Ese es uno de los aspectos más radicales. La interacción digital se va a quedar en una gran medida, especialmente en ciertos trabajos que permiten hacerlo perfectamente". Y así ha sido...

Otros empleados, otras expectativas

Buscando profundizar en las repercusiones de esos cambios, me encontré estudios muy reveladores en donde los empleados manifestaban, por ejemplo, que considerarían renunciar si no les daban la flexibilidad que pedían, porque querían recuperar dos o tres horas diarias de su vida, horas que nunca más podrían disfrutar o que perderían para siempre.[1] Ya lo estamos viendo con los *millennials,* que dentro de poco serán la mayoría de la población productiva, para quienes la posibilidad de trabajar remotamente es uno de los temas que más pesa a la hora de escoger una compañía, algo que hoy en día es también una parte muy importante de la ecuación para quienes contratan.

Me lo decía la doctora Roca, la neurosicóloga que mencioné en un capítulo anterior: "Hoy, como sociedad global, estamos mucho más atentos a nuestra salud mental y a nuestro bienestar... Las empresas y organizaciones empezaron a poner este tema sobre la mesa de sus discusiones directivas... y todos valoramos mucho más la flexibilidad de nuestros tiempos, nuestro cuidado personal y el cuidado

1. En 2021, un estudio entre más de 16.000 empleados en 16 países reveló que el 54% consideraría dejar su trabajo si no se les proporciona flexibilidad en dónde y cuándo trabajan. Ernst & Young (EY). "More than Half of Employees Globally Would Quit Their Jobs If Not Provided Post-Pandemic Flexibility, EY Survey Finds". *EY Global*, 17 de mayo de 2021. Disponible en: <https://www.ey.com/en_gl/newsroom/2021/05/more-than-half-of-employees-globally-would-quit-their-jobs-if-not-provided-post-pandemic-flexibility-ey-survey-finds>. Accedido el 11 de mayo de 2025.
En 2025, una encuesta global de más de 26.000 trabajadores en 35 países encontró que el equilibrio entre la vida laboral y personal (83%) supera al salario (82%) como el factor más importante para los empleados. Además, el informe destaca que la flexibilidad en el lugar y horario de trabajo es una prioridad creciente para los trabajadores a nivel mundial. *Randstad Workmonitor*. Randstad, 2025. Disponible en: <https://www.randstad.com/workmonitor/>. Accedido el 11 de mayo de 2025.

de nuestros vínculos", consideraciones que sin duda surgieron a raíz del covid y que han sido confirmadas con los años.

La consultora McKinsey, quizás una de las instituciones que más se ha dedicado a investigar sobre el tema, en una encuesta a más de 2.500 líderes empresariales de todo el mundo publicada en abril de 2023, encontró que desde la pandemia "alrededor del 90 por ciento de las organizaciones han adoptado una variedad de modelos de trabajo híbridos que permiten a los empleados trabajar desde ubicaciones externas durante parte o gran parte del tiempo" y "cuatro de cada cinco empleados que ha trabajado con un modelo híbrido en los dos años anteriores, quiere mantenerlo".[2]

Con estos datos en mente, uno de los grandes retos que enfrentan las compañías en este escenario es, precisamente, prepararse para la adopción permanente del modelo híbrido lo cual nos significará a todos aumentar la velocidad de adaptación tecnológica, así como fortalecer la resiliencia de nuestras empresas. Algo que no es tan evidente pues ¡la mitad! de los encuestados dice que su organización no está preparada para reaccionar ante crisis futuras… "Quienes sean capaces de salir adelante y rápidamente de crisis en serie serán quienes estén en capacidad de obtener importantes ventajas sobre los demás", asegura McKinsey.

Por supuesto, todo esto nos pone a pensar en cómo se deberían orientar los negocios. Es tal el cambio en relación con la presencialidad de los empleados que hay investigadores que sostienen que, en las economías más avanzadas, un cuarto de los empleados podría perfectamente trabajar a distancia entre tres y cinco días a la sema-

2. McKinsey & Company. *The State of Organizations 2023*. McKinsey & Company, 2023. Disponible en: <https://www.mckinsey.com/capabilities/people-and-organizational-performance/our-insights/the-state-of-organizations-2023>. Accedido el 11 de mayo de 2025.

na, lo que representa de cuatro a cinco veces más trabajo remoto que antes del covid.

Ahora bien, lo cierto es que una cosa es lo que se "podría hacer" en un universo ideal y otra, bastante distinta, lo que se "puede hacer". De hecho, los mismos estudiosos aseguran que la mitad de la fuerza laboral tiene pocas o ninguna oportunidad de trabajar a distancia. Una cosa son las voluntades y otra, muy distinta, las posibilidades. Las cifras varían significativamente según la industria. El trabajo *in situ* sigue siendo la principal opción en el comercio minorista, las industrias de atención médica, la manufactura, la educación y la hotelería. Estas industrias, donde es más difícil adaptar formas remotas de trabajar, han buscado formas de trabajo híbrido, pero volvieron a trabajar principalmente en persona. En cambio, la banca y las finanzas tienen una mayoría de su fuerza laboral en formato híbrido (61%) y un tercio de la fuerza laboral de *software* y servicios es enteramente remoto.

De hecho, y no me sorprende, un gran número de trabajadores tecnológicos se han asentado en un modelo de trabajo híbrido permanente. Una mirada a lo que ha sucedido en este tipo de empresas, nos da un panorama de cómo el covid las llevó a ser otras. Aunque compañías como Microsoft, Google y Meta ya ofrecían algo de flexibilidad antes de la pandemia, después de ella el modelo híbrido se volvió parte de su día a día.

Hoy, en Microsoft los equipos deciden cómo combinar el trabajo remoto con el presencial, mientras en Google y Meta la regla general es ir a la oficina tres días a la semana. X (antes Twitter) tomó otro camino bajo la dirección de Elon Musk, al eliminar por completo el trabajo remoto y exigir la presencialidad total. Cada una ha seguido su propio rumbo, pero lo que es claro es que, por cuenta de la pandemia, nos volvimos otros y a la experiencia y habilidades a la hora de ofrecer y buscar trabajo se sumó otra variable: desde dónde se puede hacer.

Cómo será de importante el tema que hay quienes aseguran, y no son pocos, que estarían dispuestos a aceptar un recorte salarial para mantener u obtener su forma preferida de trabajar. Y es que está comprobado que, en general, los trabajadores remotos son los más satisfechos con sus contratos laborales, seguidos por los híbridos.[3]

Pero, ojo, es importante anotar que estas encuestas de satisfacción y datos tan optimistas suelen salir de los países más desarrollados, en donde las principales necesidades están satisfechas, los sistemas de transporte, mal que bien, funcionan y los empleados tienen gran cantidad de derechos ganados. No es igual en todo el mundo. La capacidad de trabajar de forma remota varía considerablemente entre las economías avanzadas y emergentes. En los países con condiciones menos favorables, el porcentaje de trabajadores que tuvieron un modelo híbrido durante la pandemia y que hoy lo conservan es muchísimo menor y, como con todas las demás transformaciones, los cambios poscovid serán aún más paulatinos.[4]

3. Diversos estudios muestran cuánto valoran los empleados la posibilidad de trabajar de forma remota o híbrida. Según un informe del NBER, estarían dispuestos a aceptar una reducción salarial de hasta el 25%, cifra entre tres y cinco veces mayor que estimaciones anteriores. Véase: Cullen, Zoe B., Bobak Pakzad-Hurson y Ricardo Perez-Truglia. *Home Sweet Home: How Much Do Employees Value Remote Work?* Documento de trabajo No. 33383, National Bureau of Economic Research, enero de 2025. Disponible en: <https://www.nber.org/papers/w33383>. Accedido el 11 de mayo de 2025.
En un estudio global anterior, más de la mitad (52%) de los empleados indicaron que aceptarían un recorte de hasta el 11% por mantener un modelo laboral flexible, y quienes trabajan desde casa reportaron mayor satisfacción laboral (90%) que quienes asisten a una oficina (82%). Véase: ADP Research Institute. *People at Work 2022: A Global Workforce View*. ADP, 2022. Disponible en: <https://uk.adp.com/resources/insights/people-at-work-2022-a-global-workforce-view.aspx>. Accedido el 11 de mayo de 2025.

4. Según *Empty Spaces and Hybrid Places* de McKinsey Global Institute (2023), la adopción del trabajo híbrido es más alta en economías avanzadas con alta concentración de trabajadores del conocimiento, buena conectividad digital y altos costos de vivienda, como en Estados Unidos, Canadá y Europa

Este experimento social desatado por la pandemia y que ha revolucionado el mundo laboral, sin embargo, aún está lejos de estar del todo asimilado. Investigaciones realizadas por el MIT, las universidades de Chicago y de Essex, citadas por la edición de *The Economist* de junio 28 de 2023, hablan de una baja en la productividad de entre 18% y 19% entre quienes trabajan en casa, con respecto a los que regresaron a las oficinas.[5]

La balanza está apenas equilibrándose y el debate sobre la productividad será, sin duda, un factor fundamental a la hora de inclinarla hacia un lado u otro. Lo que es un hecho es que el modelo cambió y volver a los tiempos prepandémicos será imposible. Las crisis generan oportunidades y la desatada por el covid en el terreno laboral fue tan profunda que exigió y seguirá exigiendo una gran dosis de adaptabilidad tanto de empleadores como de empleados.

Quien hoy dirige una empresa ha tenido que entender que, de alguna manera, la ecuación se invirtió y el que ofrece un trabajo ya no es tan todopoderoso como antes. Quien recibe la oferta pasó a ser más importante que nunca y su decisión está basada ahora en otras variables que le acomodan a su nueva vida. Por eso creo que si hay algo en lo que ganamos con la pandemia —y que nos cambió

Occidental. En contraste, en regiones menos desarrolladas, como partes de Asia, África y América Latina, donde predominan trabajos presenciales y existen limitaciones en infraestructura tecnológica, la adopción del trabajo remoto o híbrido es más baja. McKinsey Global Institute. "Empty Spaces and Hybrid Places". *McKinsey & Company*, julio de 2023. Disponible en: <https://www.mckinsey.com/mgi/our-research/empty-spaces-and-hybrid-places-chapter-1>. Accedido el 11 de mayo de 2025.

5. "The working-from-home illusion fades". *The Economist*, 28 de junio de 2023. Disponible en: <https://www.economist.com/finance-and-economics/2023/06/28/the-working-from-home-delusion-fades>. Accedido el 11 de mayo de 2025.

a todos— fue en tener una mayor libertad para elegir dónde y cómo queremos trabajar y para definir cómo queremos interactuar con esa vida laboral que hoy en día, conectados 24 horas, se entremezcla mucho más con la vida misma.

Cuando terminó la pandemia, a los empleadores —ávidos de reiniciar a toda marcha sus negocios— les tocó aceptar esas nuevas condiciones y adoptar modelos de trabajo híbridos para poder mantener su fuerza laboral. No tenían alternativa. Las exigencias de flexibilización se convirtieron en la regla y ya no había marcha atrás. La justificación que había entonces para no tener que ir a las oficinas desapareció, pero ya los empleados eran otros y las condiciones tenían que ser otras. Motivar el regreso a las oficinas se convirtió en una tarea exigente en creatividad y que hubo que asumir con mucha amplitud de mira. Como lo estamos viviendo en carne propia desde las empresas, las placas tectónicas que se movieron en el campo laboral durante el 2020 están todavía en plena reacomodación y aún no es claro cómo se reconfigurarán finalmente.

La reconfiguración de la compensación

Ese experimento de virtualidad que comenzó como una manera de no paralizar las empresas por cuenta del confinamiento, terminó aportando grandes beneficios para muchos trabajadores, en particular para quienes tenían que hacer largas jornadas para trasladarse hasta sus sitios de trabajo, donde las labores que realizaban no exigían presencialidad. Muchos de quienes conocieron las ventajas de la virtualidad, al retornar a la normalidad ya no quisieron regresar a la oficina del todo y también las empresas se dieron cuenta de que no se requería a todo el mundo todo el tiempo en los lugares de trabajo. Ese cambio drástico llevó a que la balanza se inclinará hacia el lado de los empleados, quienes adquirieron un poder que no tenían antes y, sin pretenderlo, se convirtieron en actores empoderados y con la sartén por el mango a la hora de negociar su modelo de trabajo.

La libertad que nos dio la virtualidad —y con ello el poder para negociar las condiciones laborales— generó un escenario que rompió también con los paradigmas tradicionales de compensación. Atrás quedaron las épocas en que marcar la tarjeta de entrada al trabajo unos minutos tarde en varias ocasiones podría traer consigo amonestaciones y hasta despidos. El reconocimiento salarial, tradicionalmente basado en las horas en la oficina y la ubicación del sitio de trabajo, dejó de tener sentido. El trabajo *online* nos cambió por completo los parámetros de la ecuación laboral. Quien trabaja en casa podría, por ejemplo, desempeñarse en más de un oficio al mismo tiempo y recibir por cada uno de ellos un salario de tiempo completo y, si es capaz de rendir en ellos, hacer que su situación de anormalidad pasara desapercibida. A pesar de esos cambios trascendentales la mayoría de los empleados, sin embargo, sigue hoy con el mismo contrato de antes, con el mismo acuerdo entre empleado y empleador, cuando claramente las relaciones laborales son otras.

Con todas estas inquietudes dando vueltas en mi cabeza, y con la claridad de que seguir compensando por horas o por ubicación no tenía sentido, me senté a conversar con Martín Méndez, un joven emprendedor argentino que conozco hace años y que participa en foros como Endeavor, donde se reúnen estos audaces personajes que están cambiando el ecosistema actual. Martín es CEO de Neoris, una consultora en soluciones tecnológicas de gran reputación de la cual, justo en esos días en que conversamos, le vendió un porcentaje significativo a una importante compañía.

Con él nos juntamos en Miami, donde ambos residimos, charlamos sobre lo que estábamos viendo de estos tiempos y él puso el dedo en la llaga. "Cuando hay un incremento del 30%, 40% o 50% de productividad, cambia la industria (...) Lo que vivimos con la pandemia fue un impulso vertical muy fuerte en donde hubo saltos cuánticos de incremento de la productividad", me dijo contundentemente, haciéndome una interesante comparación con lo sucedido durante la Revolución Industrial e insistiendo en que hoy en día lo más importante es el resultado que se entrega, independientemente de dónde se hace y de cuántas horas se va a la oficina para conseguirlo.

Además de entender las inquietudes que le estaba expresando, Martín le agregó una variable adicional a la ecuación: la IA. "Si a esta nueva realidad le sumamos la productividad que ofrecen las inteligencias artificiales, ¿qué es lo que tengo que poder manejar como organización para empezar a compensar en función del *outcome*, del resultado, y no por la relación de dependencia?", me decía.

Claudio Muruzabal, exejecutivo de SAP por más de tres décadas, le sumaba a ello algo que me parece relevante y es la cantidad de información que me provee la tecnología. "Si yo necesito una respuesta y me hago tres preguntas o parto de tres *data points* para llegar a esa conclusión, ésta va a ser de menor calidad que si tengo tres millones de *data points* para llegar a ella, así que el hecho de poder administrar grandes volúmenes de datos a través de herramientas de alta productividad puede generar un resultado que es más eficiente", me explicaba. Es por ello que, como me lo expresaban ambos, los empresarios ya no miran de soslayo la tecnología para su toma de decisiones. "Si nos vamos al pasado, en un proyecto ambicioso de tecnología, el 70% era técnico —bits and bytes— y el 30% era el cambio que tenía que ocurrir en el usuario final, en la forma en que la organización adoptaba la tecnología. La pandemia aceleró esa transformación y hoy es alrededor de un 70% de cambio organizacional y 30% tecnología", me manifestaba Claudio.

Ante ese escenario, nuestras sociedades tendrán que encontrar cómo ofrecerle capacitación tecnológica y dotar de nuevas herramientas a los trabajadores de más bajos salarios, pues corremos el riesgo de seguir ampliando la brecha salarial entre los que tengan acceso a la tecnología y la dominen, y los que se rezaguen de ella. Según McKinsey, por ejemplo, en los Estados Unidos, para el 2030, un 30% de las horas laborales podrían llegar a ser automatizadas por las IA, mientras en Europa podrían llegar a representar hasta 12 millones de trabajos afectados, es decir, un 6,5% de la fuerza laboral.[6]

Es un hecho. A cinco años de ese terremoto que significó la pandemia, las variables han cambiado y ya no jugamos con los mismos supuestos. Si ya no podemos calcular el salario con base en las horas de oficina ni de acuerdo con el lugar en donde viven o los desplazamientos que deben realizar, pues quienes trabajan virtualmente pueden trabajar desde cualquier parte, y los parámetros de productividad se han incrementado exponencialmente por cuenta de la tecnología y la IA, entonces hay que hacerlo con base en algo diferente. Hay que modificar sustancialmente la forma como las empresas compensan a sus trabajadores y pensar en establecer modelos basados más en el qué, que en el cómo. Es decir, más en los resultados que obtengo que en lo que tuve que hacer para conseguirlos. Y ese es, precisamente, uno de los grandes retos que enfrentan hoy

6. McKinsey Global Institute. *A New Future of Work: The Race to Deploy AI and Raise Skills in Europe and Beyond*. McKinsey & Company, junio de 2024. Disponible en: <https://www.mckinsey.com/mgi/our-research/a-new-future-of-work-the-race-to-deploy-ai-and-raise-skills-in-europe-and-beyond>. Accedido el 11 de mayo de 2025.

las compañías: crear un modelo de compensación por resultados que sea equitativo y a la vez eficiente.

Los nómadas digitales

Así como en la antigüedad —según los relatos bíblicos— Abraham, Isaac y Jacob se trasladaban de un lugar a otro buscando pastos frescos para sus rebaños y los beduinos continúan aún hoy desplazándose en los desiertos de Oriente Medio de acuerdo con las estaciones y los recursos disponibles, en el siglo XXI hemos visto surgir los llamados nómadas digitales, que han adoptado una vida en constante movimiento, no por la búsqueda de pastos sino de excitantes experiencias personales y culturales.

Y es que si de algo nos dimos cuenta con la pandemia es que podíamos cambiar nuestros hábitos y éramos seres adaptativos, mucho más allá de lo que habíamos creído. El ver tan cerca la posibilidad de morir hizo que muchos jóvenes quisieran vivir el presente y, al visualizar más el futuro inmediato, se imaginaran una vida con mayor libertad y movilidad, llena de aventuras y sin miedo a lanzarse al vacío, muy distinta a la que seguramente habrían considerado antes de la pandemia.

Esto disparó la posibilidad de proyectarse viviendo distinto y abrió el espacio para que el nomadismo y la hibridación del trabajo se convirtieran en las mejores herramientas para darle vuelo a esas nuevas formas de vida. Tras el encierro, el sueño de viajar, tener otras experiencias y no repetir la vida que tuvieron sus padres —siempre en busca de seguridades para el futuro— se volvió para muchos un imperativo. Es tanto el interés en el movimiento que, como consecuencia de las múltiples posibilidades que genera el trabajo híbrido, se está configurando un nuevo estatus migratorio: el nomadismo digital, producto no solo de la pandemia, sino también de las transformaciones que se han venido dando en la concepción de la familia y la educación.

Es el caso de Sol Calcarami, una nómada digital argentina de 31 años quien fue clave para ayudarme a entender este fenómeno creciente. Su mamá había trabajado conmigo hace algún tiempo, así que la llamé. No sabía desde qué lugar del mundo me contestaría, pues desde que se levantó la pandemia ha pasado por los Estados Unidos, México, Costa Rica, Panamá y ahora está aplicando para su residencia en Italia. Sol me contó que se graduó como arquitecta en Córdoba y que es especialista en el manejo de un *software* que se usa para desarrollar proyectos en su campo. Hoy trabaja para una empresa canadiense con la cual se conecta desde cualquier lugar del mundo, pues esta solo le exige que esté a tiempo en las reuniones y que tenga buena conexión a internet. Como muchos en su mismo estatus laboral, nunca se imaginó que se volvería nómada y el cambio radical surgió a raíz de la pandemia. "Al año siguiente me dije que tenía que viajar lo máximo posible e ir a la mayor cantidad de conciertos, no vaya a ser que caiga otra pandemia y me vuelvan a encerrar", me explicaba. Su hermana, que está en el negocio de la hotelería en Dinamarca, le habló de unos hostales que reciben a nómadas por todo el mundo y les ofrecen espacios para el *coworking*. Así fue como empezó a armar su plan de escape y ya ha convencido a más de un amigo de seguir su ejemplo.

A diferencia de las generaciones que la antecedieron, la aspiración de Sol no es tener una propiedad, un préstamo o bienes materiales. Como todos estos nómadas digitales, es parte de una generación que quiere disfrutar del momento "gastarnos lo que ganamos para vivir, para viajar y para conocer". Hace de cada fin de semana unas vacaciones y, para eso, busca sus destinos de acuerdo con las playas que le ofrezcan. De esta forma, conoce gente de diversos lugares del mundo e idiomas, que es lo que más le gusta de su vida actual. No se ve haciéndolo siempre, pues a veces le cansa compartir dormitorio con chicos que están de vacaciones y no de trabajo, y también le entran las ganas de regresar a "su espacio, sus cosas, su casa". Sin embargo, por ahora, no cambiaría por nada la libertad que le ha proporcionado esta forma de vida. Sol, hoy, es otra.

El talento global requiere una mirada global

En este nuevo mundo híbrido, vemos un factor de democratización realmente importante y, adicionalmente, una relación en la que todos ganan, pues para las empresas representa la posibilidad de conseguir los mejores talentos, independientemente del lugar donde se encuentren, y para los profesionales la oportunidad de competir en condiciones que no dependan de su lugar de ubicación y en las que lo que cuente sea su ingenio, versatilidad e inteligencia. Una transformación que, sin duda, tendrá grandes repercusiones en el trabajo, de ahora en adelante.

Pero no solo los empresarios y los consultores están viendo este cambio en el mundo laboral. Las oportunidades de este mercado en construcción están generando unas nuevas reglas que intentan colarse entre las rigideces burocráticas y legales del mundo. Revisando qué está sucediendo desde el punto de la legislación, me encontré con que 66 países expedían ya en 2024 una visa específica para nómadas digitales, entre los cuales están Alemania, Brasil, España, Italia, Argentina, México, Colombia, Malta y Portugal.[7] En España, por ejemplo, se ha regulado también la tasa impositiva

7. Chen, Kat. "66 Countries with Digital Nomad Visas—And How to Apply to the Top Programs". *Condé Nast Traveler*, 6 de noviembre de 2024. Dis-

otorgándoles ventajas tributarias especiales lo cual, como es natural, ha generado un polo de atracción adicional para muchos de estos intrépidos trabajadores.[8]

Justo en esa dirección y para responder a las necesidades crecientes de las empresas de manejar una parte de sus empleados desde sitios remotos o bajo la condición de nómadas digitales, se han creado empresas como Deel, que facilitan la contratación global y todo lo relacionado con el manejo de empleados, no importa el lugar donde se encuentren.

Fundada en 2019 por dos jóvenes egresados del MIT, Alex Bouaziz y Shuo Wang, con la pandemia tuvo un crecimiento exponencial y se encuentra ya en más de 150 países. Ha ayudado a miles de empresas a crear contratos que cumplen con las normas legales locales y a pagar a sus equipos globales en su moneda y método de pago preferidos. Todo ello con unos pocos clics, a través de una potente plataforma, muy fácil de usar. Entre sus clientes —más de 25 mil en todo el mundo con medio millón de empleados enrolados— están Forever 21, Nike, Calvin Klein, Red Bull, Hermes y Shopify.

Orlando Ayala, ex Microsoft y de quien les hablé unas páginas atrás, me insistía en la transformación que representa tener la oportunidad de conseguir ahora grandes talentos con los que antes no se podía contar. "Ese es uno de los cambios más radicales, me decía. La interacción virtual en el trabajo se va a quedar en una

---

ponible en: <https://www.cntraveler.com/gallery/countries-with-digital-nomad-visas>. Accedido el 11 de mayo de 2025.

8. España Abogados. "Guía Completa de Impuestos para Nómadas Digitales en España". *España Abogados*, 17 de septiembre de 2024. Disponible en: <https://espanaabogados.com/guia-de-impuestos-para-nomadas-digitales-en-espana/>. Accedido el 11 de mayo de 2025.

gran medida, especialmente en ciertas áreas que permiten hacerlo perfectamente", tal como está sucediendo.

Nuestras ciudades son otras

Estas transformaciones, sin embargo, conllevan a otras de diversos matices. La llegada de todos estos nuevos nómadas, cuantificada en crecimiento de la demanda de acomodamiento y servicios, ha originado un gran impacto en los precios en todo lugar adonde se establecen y se está convirtiendo en la expresión más pura de la gentrificación. En ciudades como Medellín —un destino muy atractivo para estos nuevos ciudadanos por su clima de eterna primavera y el bajo costo de vida frente a los Estados Unidos, Europa o Asia—, los Airbnb ya están cobrando en dólares la estadía; y en Ciudad de México, barrios como los populares Condesa y Roma están expulsando a sus habitantes más tradicionales porque la renta se ha vuelto impagable.

Es el mundo al revés. Si por años, millones de mexicanos buscaban cruzar la frontera para llegar a los Estados Unidos, hoy hay también un fuerte movimiento en sentido contrario. Según el artículo "La gentrificación avanza en ciudades de América Latina", en tan solo un año, de 2022 a fines de 2023, el alquiler en estas colonias mexicanas aumentó casi un 70% hasta rondar los 1.500 dólares mensuales, mientras la solicitud de visas de residencia temporal de los estadounidenses en México ha aumentado cerca del ciento por ciento entre un año y otro.[9]

9. Inmuebles24. "El precio promedio de alquiler en la colonia Condesa aumentó un 66% entre mayo de 2021 y mayo de 2023". *Inmuebles24*, 2023. Disponible en: <https://www.inmuebles24.com/articulos/precio-promedio-al-

Por otra parte, un hecho tan curioso como que la popular cantante colombiana Karol G le haya compuesto una canción a Provenza, una famosa calle de Medellín de donde ella es oriunda, popularizó aún más esta ciudad del centro de Colombia y la llenó de nuevos visitantes. Hoy pasar por esa calle de noche es transitar por un pasaje cosmopolita, colmado de bares y tiendas donde se entremezclan jóvenes que parlotean en una gran variedad de lenguas.

Ese tipo de dinámicas indudablemente nos están cambiando y también a las ciudades, la conformación de sus habitantes, su manera de vivir, su economía, sus costumbres y aficiones, así como lo que se busca y ofrece en términos de servicios de todo tipo... En fin, se trata de un nuevo tipo de migración temporal que ha irrumpido abruptamente y que —por lo que significa y también por su temporalidad, que la hace impredecible e indeterminable— representa un gran desafío para las urbes, sus pobladores y administraciones.

¿Cómo planificas una ciudad si no sabes quiénes ni cuántos serán sus habitantes en el futuro próximo? Se trata de una arista más de esa era del *unknown*, de lo desconocido, a la que nos empujó la pandemia y otro campo en el que, también, somos otros.

En pocas palabras

- El modelo de trabajo híbrido llegó para quedarse. Para los empleados representa una flexibilidad que valoran y para las empresas la posibilidad de atraer talento global.

---

quiler-condesa-66-pc>. Accedido el 11 de mayo de 2025.CNN en Español. "La migración de estadounidenses a México va en aumento". CNN en Español, 10 de febrero de 2023. Disponible en: <https://cnnespanol.cnn.com/video/mexico-migracion-estadounidenses-original-digital-pkg/>. Accedido el 11 de mayo de 2025.

- El reconocimiento salarial, tradicionalmente basado en el tiempo y el sitio de trabajo, dejó de tener sentido y ahora el desafío de las empresas es buscar modelos de compensación basados más en la productividad.
- La apertura a un modelo de trabajo distinto permitió el surgimiento de los nómadas digitales, que se han multiplicado y están reconfigurando las ciudades que prefieren para asentarse temporalmente.

Capítulo 5

Un golazo insospechado

Si de desafíos estamos hablando, uno muy real en estos tiempos es el que representa la amenaza microbiológica que, en el mundo actual, es mucho más peligrosa de lo que habíamos imaginado, después de que ese virus aéreo, invisible y mutable, tuvo la capacidad de someternos a todos en pocas semanas y desplegarse por el planeta entero en cuestión de pocos meses. Con la espada de Damocles apuntándole a la humanidad entera y la incertidumbre por la supervivencia de la especie, también en el terreno de la ciencia se produjo una aceleración, nunca antes vista, para encontrar la fórmula que detuviera al monstruo.

Es así como dos días después de la declaratoria de pandemia, el ajedrez farmacéutico global ya estaba moviendo sus fichas. Fue una carrera contra el tiempo en la cual la velocidad y la capacidad para destinar recursos lo marcó todo. Y es que si cuando la gripe "española" o "porcina" de 1918 se propagó con fuerza devastadora, al virólogo Richard Edwin Shope le tomó 13 años probar que esta epidemia asesina había sido producida por un virus, en el caso del covid la ciencia lo hizo en tan solo 20 días, lo que permitió que rápidamente los científicos de diversas partes del mundo se pusieran a trabajar en cómo combatirlo.

Tras la secuenciación del virus a finales del 2019, se armó todo un tablero de actores moviéndose estratégicamente a la manera de un emocionante juego de Batalla Naval y a una velocidad nunca antes vista. Sin saberlo, en los laboratorios del planeta y en las salas ovales de todos los gobiernos, se estaba llevando a cabo algo sin precedentes en la historia: la unión de recursos —humanos, científicos y financieros— provenientes del mundo entero, con el único objetivo de salvar a la humanidad de la amenaza de muerte que se cernía sobre ella.

Si para ello había que probar nuevas formas de hacer ciencia, era el momento para hacerlo. En marzo de 2020 ya se estaban ensayando cuatro prototipos de vacunas en seres humanos. En abril estaban en desarrollo 115 candidatas y en julio 218... el resto, ya es historia. Y todos fuimos sus testigos.

No fue una fórmula simple

De haber sido un campeonato de fútbol, seguramente se habrían ganado el balón de oro. Y con el orgulloso mérito de haber contribuido a la continuidad de la raza humana. Me refiero a los científicos que sacaron adelante esas vacunas. Cuando hablé con la doctora Alejandra Gurtman —quien lleva más de tres décadas investigando el mundo microbiológico y coordinó el desarrollo de la vacuna de Pfizer— me contó con detalle la misión que se le encomendó y que nos demostró el superpoder que adquirió la ciencia atajando esta pandemia.

"El 13 de marzo mi jefe en Pfizer me llamó y me dijo: 'Alejandra ponte el cinturón porque vamos a desarrollar una vacuna con BioNTech para el covid'. Desde ese día de marzo hasta el 10 de noviembre de 2020, la vida nos cambió a todos", me cuenta orgullosa y aún sorprendida varios años después. El mundo médico, apenas decodificado el virus unos meses antes, se había puesto manos a la obra para tratar de controlar algo que intuían iba a causar estragos en el mundo. Dos días después de la declaratoria de pandemia, ya todos estaban moviéndose como en una carrera de relevos. Tenían ante sí el desafío más grande de su carrera.

La médica argentina me dio un dato sorprendente: "En la vacuna con la que trabajé anteriormente, la del estafilococo, Pfizer trabajó durante 18 años, ¡18 años! para encontrar finalmente que no funcionaba. Así que con el covid todo, o casi todo, se hizo *at risk*, a riesgo". Para ella, como para todos, es verdaderamente extraordinario que una vacuna que probó su eficacia reduciendo los efectos nefastos del virus en el cuerpo se haya elaborado en ¡tan solo ocho meses! ¡Ocho!

El éxito del procedimiento, que no fue sencillo, tiene que ver con la simultaneidad con la que se llevaron a cabo los procesos, así como con el reconocimiento de tecnologías que se estaban desarrollando desde hacía décadas. "Normalmente uno tiene que mandar un documento al FDA (la entidad estadounidense que aprueba oficialmente los medicamentos) y ellos, según el documento, tienen 30 días para responder y después nosotros tenemos otro tanto tiempo para volver a responder y así... Entonces al final, cuando empiezas a juntar las semanas de acá y los meses de allá, han pasado hasta seis meses. Y en este caso, muchas de esas cosas se hacían en una semana". Esa velocidad, por supuesto, fue determinante, pues mientras trabajaban a marchas forzadas, los contagiados graves colmaban las unidades de cuidados intensivos en los hospitales y miles morían cada día.

Otra de las claves del éxito fue la voluntad de colaboración de los participantes, la confianza de cada una de las 40.000 personas de Argentina, Brasil, Estados Unidos, Alemania, Turquía y Sudáfrica, que, por el bien de la humanidad, se entregaron voluntariamente al estudio de los efectos inciertos de una vacuna en testeo. Fue una responsabilidad y un esfuerzo compartidos entre todos. "Mientras nosotros trabajábamos había otros grupos que se reunían semanalmente para poder anticipar, por ejemplo, el desarrollo de la vacuna en mujeres embarazadas. Es algo que, obviamente, no se hubiese hecho nunca de esa manera porque tienes que ser muy secuencial... Fue parte de la colaboración interna que logramos para poner todas las piezas del rompecabezas juntas. Esto cambió completamente el proceso y transformó la forma en que hacemos ciencia hoy".

Esa transformación es un hecho y ya no habrá reversa en este campo. Aunque nos quedan muchas lecciones para enfrentar nuevas pandemias, sobre todo en la distribución equitativa de las vacunas, también quedó en evidencia la utilidad de la sinergia entre los recursos públicos y los fondos privados, y entre los laboratorios experimentales, las multinacionales, la academia y los centros de investigación, tanto de las universidades como de los países. Todo un andamiaje sin el que no habría sido posible esta tarea.

Tiempo récord

Para entender la dimensión de este logro en tiempo récord, busqué cuánto tiempo se habían tomado otras vacunas esenciales para nuestra salud como la de la polio, que se demoró 20 años; el sarampión, 9 años; el rotavirus, 22 años; la malaria, 31 años; el virus del papiloma humano, 15 años; el ébola, 5 años y para el VIH aún no se ha encontrado una vacuna, a pesar de que se viene investigando desde 1985.

El resultado de este esfuerzo ha sido tan trascendental que *The New York Times* llegó a llamar a este tiempo que estamos viviendo "La Edad de Oro de la Medicina",[1] en gran medida debido al ARNm, esa molécula mensajera que revolucionó el mundo científico al punto de haber producido a velocidad luz la vacuna que nos salvó la vida, y por la cual los doctores Katalin Karikó y Drew Weissman merecieron en 2023 el Nobel de Medicina, el mayor reconocimiento científico del planeta. "Los descubrimientos de los dos premios Nobel fueron fundamentales para desarrollar vacunas de ARNm eficaces contra la covid-19 (...) durante una de las mayores amenazas a la salud humana en los tiempos modernos", destacó el jurado.[2]

Haber producido una vacuna en tan corto tiempo no solo constituyó un hito epidemiológico sin precedentes, sino que además abrió el camino hacia nuevas formas de investigación para enfrentar otros minúsculos enemigos invisibles y avanzar positivamente en el desarrollo de tratamientos contra enfermedades como el cáncer, anemias graves y el alzhéimer.

Esta nueva realidad impuso una nueva agenda en la industria farmacéutica en donde la inteligencia artificial (IA) y el *blockchain* (el mismo método con el cual se hacen las criptomonedas y que en el campo médico da a los pacientes un mayor control de sus datos sanitarios, permitiendo a los profesionales su acceso o bloqueándolo) seguirán marcando la parada en la innovación e investigación científica. Hablar de moléculas diseñadas por la IA o de la auto-

1. Gooch, John. "The Golden Age of Medicine". *The New York Times*, 23 de junio de 2023. Disponible en: <https://www.nytimes.com/2023/06/23/magazine/golden-age-medicine-biomedical-innovation.html>. Accedido el 11 de mayo de 2025.

2. The Nobel Assembly at the Karolinska Institutet. "Press release: The Nobel Prize in Physiology or Medicine 2023". *NobelPrize.org*, 2 de octubre de 2023. Disponible en: <https://www.nobelprize.org/prizes/medicine/2023/press-release/>. Accedido el 11 de mayo de 2025.

matización de ensayos clínicos también por medio de IA, como lo hemos visto en estos últimos cinco años, será cada día más frecuente en el desarrollo de nuevos fármacos.

No es gratuito que la velocidad de estos procesos se haya incrementado en un 70% comparada con el ritmo con el que se trabajaba en los laboratorios hace cuatro años. Al utilizar modelos predictivos y analíticos de IA, los laboratorios pueden procesar muy rápidamente lo que se conoce sobre los trastornos e identificar a los pacientes más idóneos para los ensayos científicos. Toda una revolución en el campo de la investigación médica que, con justicia, amerita que estos tiempos se consideren como una era dorada en este campo.

Empujando los límites

Durante la pandemia tuvimos la oportunidad de oír sobre la sorprendente operación del doctor Joseph Okello Damoi, jefe de cirugía del Centro Quirúrgico de Kyabirwa, a tres horas de Kampala (la capital ugandesa), quien practicó cirugías laparoscópicas junto a un colega en Nueva York.[3] Los dos médicos colaboraron en tiempo real en Realidad Mixta (una mezcla de medios físicos y virtuales que permite interacciones 3D usando programas como Microsoft Dynamics 365 con asistencia remota, HoloLens 2 y Microsoft Teams), haciendo incluso anotaciones sobre el cuerpo del paciente a distancia, como si estuvieran juntos en la misma sala. Fue alucinante

3. Icahn School of Medicine at Mount Sinai. "Kyabirwa Surgical Center". *Icahn School of Medicine at Mount Sinai.* Disponible en: <https://icahn.mssm.edu/about/departments/surgery/global-health/africa/kyabirwa-surgical-center>. Accedido el 11 de mayo de 2025.

saber que eso estaba pasando mientras todos estábamos encerrados. Algo que, por supuesto, les dio nuevas alas a las ciencias médicas. Aunque podía parecer perfectamente una escena de algunas de las popularísimas series de médicos que nos devoramos en *streaming* como *ER*, *Nip Tuck*, *Grey's Anatomy*, *Dr. House* o *New Amsterdam*, su hazaña tuvo lugar fuera de esas pantallas. Se trató de un programa de cirugía a distancia promovido por el Sistema de Salud Monte Sinaí, de Nueva York, que durante la crisis sanitaria vio en la telemedicina una oportunidad para poder aprovechar la experiencia de sus médicos y científicos en zonas donde los pacientes no tienen acceso adecuado a servicios quirúrgicos.

Esta plataforma híbrida, en donde la comunicación de nuevo juega un papel esencial como canal, es indudablemente un aporte a la ciencia que el encierro potenció y que podría contribuir a aliviar la falta de acceso a atención quirúrgica que se calcula afecta a 5 mil millones de personas. Aquí pudimos ser testigos de la increíble aceleración tecnológica que vivimos en estos tiempos de pospandemia.

Y si esto ya era increíble, lo que sucedió el 26 de enero de 2022 siguió empujando los límites del alcance humano: la primera cirugía automatizada del robot STAR que se llevó a cabo en la Universidad Johns Hopkins, en Baltimore. En cuatro cirugías que abren un umbral de esperanza inmensa para la humanidad, STAR ligó los dos extremos de los intestinos de un cerdo obteniendo resultados incluso mejores que los practicados por manos humanas.[4]

Además, en junio de ese mismo año se realizó el primer trasplante de oreja mediante impresión 3D, utilizando las células del mismo

4. Graham, Catherine. "First Robot-Assisted Surgery Performed with STAR". *Johns Hopkins Hub*, 26 de enero de 2022. Disponible en: <https://hub.jhu.edu/2022/01/26/star-robot-performs-intestinal-surgery/>. Accedido el 11 de mayo de 2025.

paciente,[5] innovaciones que en un futuro próximo le permitirán a mucha gente acceder a cirugías que, de no ser por la tecnología, serían muy difíciles de realizar y costear.

Pero las cosas no paran ahí. La tecnología médica científica se ha convertido en una infinita fuente de sorpresas. Tal vez antes no le prestábamos a estos temas la misma atención que les prestamos hoy, pero a raíz de la amenaza global que representó la pandemia para la vida de todos, sin duda, la salud se nos volvió prioritaria. Si en plena pandemia el ensimismamiento no nos permitió valorar lo suficiente el premio Nobel de Química de 2020 por un complejo método de edición génica llamado CRISPR/Cas9, hoy entendemos mejor que lo que hicieron las doctoras Emmanuelle Charpentier y Jennifer A. Doudna fue crear un modelo de "cortado y pegado" de genes que permite descubrir en la cadena genética la presencia de alguna enfermedad y "editarla".[6]

Imagínense lo que esto puede significar y que sin duda nos hará otros... Se trata, ni más ni menos, que ¡del camino para enfrentar el cáncer y las enfermedades más graves que estén estampadas en nuestros genes! Ejemplo de ello es que, apenas estrenando el invento del CRISPR en las salas de operación, en enero de 2021 se llevó cabo el primer trasplante de corazón de cerdo a un humano. A través de esta tecnología, se editaron genéticamente los órganos de los cerdos para disminuir la probabilidad de rechazo. El paciente

5. Seo, Hannah. "First 3D-Printed Ear Transplant Using Patient's Own Cells". *The New York Times*, 2 de junio de 2022. Disponible en: <https://www.nytimes.com/2022/06/02/health/ear-transplant-3d-printer.html>. Accedido el 11 de mayo de 2025.

6. Ledford, Heidi, y Ewen Callaway. "Pioneers of revolutionary CRISPR gene editing win chemistry Nobel". *Nature*, 7 de octubre de 2020. Disponible en: <https://www.nature.com/articles/d41586-020-02765-9>. Accedido el 11 de mayo de 2025.

sobrevivió dos meses al trasplante, un logro que permite soñar grandes cosas en un futuro cada vez más próximo. Lo que ha seguido desde entonces es muy prometedor.[7]

Actualmente hay un gran número de ensayos clínicos CRISPR en curso para tratar diversas enfermedades genéticas, incluidos trastornos sanguíneos, diabetes, enfermedades cardiovasculares, trastornos inmunológicos y otros trastornos raros. Darnos cuenta de cómo esta aceleración tecnológica está cambiando a pasos agigantados el rumbo de la medicina y, por consiguiente, el de nuestro bienestar y nuestras expectativas de vida, sin duda, también nos está haciendo otros en esta era pospandemia.

Monitoreados y longevos

Ante la amenaza que representaba el virus, pronto entendimos que la vida se nos podía ir de las manos en un segundo. Fue durísimo ver que quienes estaban enfermos antes de la pandemia, sobre todo con afecciones relacionadas con la obesidad y los problemas cardiovasculares y respiratorios, estuvieron más amenazados y murieron en un mayor número, como se vivió en los hospitales de todo el mundo y lo comprobaron posteriormente numerosos estudios. Pero también constatamos que podíamos recuperar nuestra salud y protegerla si nos cuidábamos, lo que nos llevó a velar más por nosotros mismos. Otra de las buenas cosas que nos dejó la pandemia.

7. Tolosa, Amparo. "Primer trasplante de corazón de cerdo modificado genéticamente". *Genotipia*, 11 de enero de 2022. Disponible en: <https://genotipia.com/genetica_medica_news/primer-trasplante-corazon-cerdo-modificado/>. Accedido el 11 de mayo de 2025.

Ya la pantalla nos tenía hipnotizados en el encierro, así que a través de ella empezamos a encontrar que, poco a poco, se iban configurando comunidades digitales de entusiastas del deporte que, a falta de poder ir al gimnasio y aburridos por la soledad y un sedentarismo que ya empezaba a pesar, se iban citando a través de Instagram, Facebook y otras redes para seguir muy juiciosamente las clases que algún entrenador personal dictaba desde San Pablo, Barcelona o Nairobi.

No se trataba solo de una cuestión de salud, el deporte *online* también fue nuestro espacio de socialización, esa red que nos juntó en el propósito compartido de mantenernos en pie, sanos y salvos. Cuentas como las de las *influencers* del fitness Kayla Itsines (16 millones de seguidores en IG) y Patry Jordan (13,2 millones de suscriptores en YouTube y 1,4 millones en IG) se dispararon durante el 2020. Y ni qué decir de 54D, el programa diseñado para perder peso y, como lo anuncian en su página, "ayudarte a hacer cambios completos a largo plazo". "Tendrás apoyo de tus entrenadores y de nuestra comunidad en cada paso. Con 54D nunca estarás solo, porque tienes apoyo y motivación para ayudarte a alcanzar tus metas y conseguir los resultados que quieres en 54 días"[8] es la promesa con la que se convirtieron en un hit que logró que, durante la pandemia, más de 125 millones de personas se conectaran gratuitamente a las sesiones grupales y quedaran, allí, cautivados.

La salud y el bienestar se pusieron tan en primer plano y era tan evidente nuestra necesidad de reconexión interior, que nacieron o se consolidaron numerosas apps de yoga, meditación y buen dormir (recuperar el sueño… uno de los pendientes de la pandemia, que alborotó el insomnio). En las redes podemos hoy encontrar una

8. 54D. "Programas en línea". *54D*, disponible en: <https://54d.com/es/collections/programas-en-linea>. Accedido el 11 de mayo de 2025.

oferta variada y de acuerdo con nuestro gusto, que los algoritmos han ido identificando. Si bien esta ya era una tendencia antes de la pandemia, fue durante el confinamiento cuando fuimos conscientes de su necesidad y utilidad, lo cual, naturalmente, disparó el consumo de artículos deportivos. Su crecimiento entre 2020 y 2021 fue del 14%, más del doble de la tasa de crecimiento de año a año entre 2015 y 2019.[9]

Las cifras hablan por sí solas. En 2023, la industria de aplicaciones de salud generó 3,43 mil millones de dólares, un aumento del 10% en comparación con el año anterior, mientras las aplicaciones de salud se descargaron 379 millones de veces y tuvieron 311 millones de usuarios.[10] Esto va de la mano con que hubo médicos que se volvieron estrellas de la red e *influencers* muy reputados a los que miles les siguen la pista y los consejos al pie de la letra.

Curiosamente, es detrás de la pantalla donde muchos pacientes sienten cercanía y hablan francamente, lejos del silencio impuesto de los consultorios. Es el caso de Andrew Huberman, profesor de neurobiología y oftalmología de la Universidad de Stanford, quien en 2021 abrió su canal de YouTube y el podcast *Huberman Lab*, que promociona como un lugar en "donde hablamos de ciencia y de herramientas científicas para el día a día".[11] A abril de 2025, Hu-

9. The Business Research Company. "Sports Global Market Report 2021: COVID-19 Impact and Recovery to 2030". *The Business Research Company*, 2021. Disponible en: <https://www.thebusinessresearchcompany.com/report/sports-global-market-report-2021-covid-19-impact-and-recovery-to-2030>. Accedido el 11 de mayo de 2025.

10. Business of Apps. "Health App Revenue and Usage Statistics (2025)". *Business of Apps*, 2025. Disponible en: <https://www.businessofapps.com/data/health-app-market/>. Accedido el 11 de mayo de 2025.

11. Huberman, Andrew. "Huberman Lab". *Huberman Lab*, 2021. Disponible en: <https://www.hubermanlab.com/podcast>. Accedido el 11 de mayo de 2025.

berman había alcanzado 7,4 millones de seguidores en Instagram, 6,8 millones en su canal de YouTube y su podcast era uno de los más populares. O el de Carlos Jaramillo, especialista colombiano en medicina funcional y residente en Miami, quien con *El milagro metabólico*, todo un *bestseller*, tenía en esa fecha más de cinco millones de seguidores en YouTube, para quienes sus instrucciones semanales son como si fueran misa.[12] Como ellos, hay muchísimos doctores muy populares que, desde distintos rincones del mundo, se comunican con sus pacientes a través de sus propias plataformas o las redes sociales. Toda una revolución en el campo médico.

Estos hombres y mujeres, cientos de especialistas del mundo entero, entendieron que la comunicación científica a través de las pantallas era un buen camino para acercarse a la gente, ir un paso más allá del consultorio y ayudarnos a reducir la ansiedad y la desinformación. Pero fue la pandemia la que les permitió florecer y también el encierro el que nos abrió la mente para prestarle atención a estas voces. Ante la necesidad permanente de respuestas, nuevamente la tecnología salió en nuestro auxilio, nos brindó el camino más expedito para obtenerlas y, también en este terreno, médicos y pacientes aprendimos a ser otros.

En pocas palabras

- El desarrollo de las vacunas contra el covid-19 en tiempo récord transformó la forma en que hacemos ciencia hoy.

12. Jaramillo, Carlos. *El milagro metabólico*. Editorial Planeta, 2020. *Dr. Carlos Jaramillo – Canal de YouTube*. YouTube, 2021. Disponible en: https://www.youtube.com/@drcarlosjaramillo. Accedido el 11 de mayo de 2025.

- El ARNm, la molécula base de algunas de las vacunas, revolucionó el mundo científico y abrió el camino hacia nuevas formas de investigación para enfrentar enfermedades como el cáncer y el alzhéimer, dando lugar a una época considerada "La Edad de Oro de la Medicina".
- Cuando entendimos que la vida se nos podía ir de las manos en un segundo, fuimos conscientes también de que teníamos que protegernos a nosotros mismos y velar por nuestra salud, para lo cual la tecnología nos proporcionó nuevas herramientas.

Capítulo 6

Oportunidad y cambio de actitud

Como vimos en los capítulos anteriores, los días del covid nos pusieron contra la pared y nos hicieron sacar esa capacidad de adaptación que no nos conocíamos. Gracias a eso, aquí estamos. La tecnología nos ofreció las herramientas que necesitamos para sobrellevar esas épocas difíciles y el aislamiento nos dio el tiempo para pensar qué y cómo podíamos hacer las cosas distinto.

En ese tránsito algunos se dieron cuenta de que, frente a las nuevas circunstancias, se abría una ventana de oportunidad por la que quizás valdría la pena meterse: la de la innovación. Y así lo hicieron. Entendieron que así como habíamos tenido que cambiar nuestra forma de vida de una manera tan abrupta, digitalizando un millón de procesos que antes hacíamos de manera presencial, era allí, en el campo de la innovación, hacia donde había que encaminar los esfuerzos si queríamos coronar la meta.

Cambiar la actitud frente a la tecnología, no viéndola como una amenaza que nos dejaría sin empleo, sino como una herramienta eficaz para volver más eficientes los procesos y para explorar nuestra creatividad, se convirtió en la punta de lanza de quienes se sacudieron el miedo al cambio y decidieron enfrentar el *unknown* con coraje. Hoy, a cinco años de la pandemia, vemos con mayor claridad lo que esto ha significado en campos como la medicina, la educación, la banca, la comunicación y la cultura corporativa, donde quienes tomaron el toro por los cuernos y están mirando al futuro de la mano de la tecnología son quienes mejor aprovecharon esta oportunidad para convertirse en otros.

Enfrentar los tiempos difíciles con innovación

La pandemia nos forzó a innovar con mayor creatividad que nunca, inventándonos nuevas formas del trabajo, la educación, el entretenimiento y el consumo con fórmulas que, aunque aún estén en construcción, están cambiando nuestras sociedades a nivel global. Yo mismo he tenido que aprender a comportarme distinto. Cada día me sorprendo más de las posibilidades enormes que esta revolución innovativa ofrece en mi campo, el de las comunicaciones, y si miramos aún más allá, el impulso ha sido inimaginable.

Fuimos testigos directos de la mayor aceleración tecnológica jamás vivida, la cual presenciamos, de manera muy concreta, con las vacunas relámpago que se fabricaron en 2020 y que, como lo mencionamos anteriormente, hicieron merecedores del Premio Nobel de Medicina 2022 a los descubridores del ARN mensajero, fundamento de las vacunas. También el Premio Nobel en Física 2024 a John Hopfield y Geoffrey Hinton por hacer que "las máquinas aprendan" y sentar las bases de la inteligencia artificial es un logro que fue impulsado por la pandemia y nuestra cercanísima relación con la tecnología.[1] Ambos ejemplos son muestra del gran impulso

1. The Nobel Prize. "The Nobel Prize in Physics 2024". *NobelPrize.org*, 2024. Disponible en: <https://www.nobelprize.org/prizes/physics/2024/summary/>.

que recibió la innovación tecnológica que está transformándonos la existencia.

Todos estos movimientos que, a veces, nos hacen sentir como si estuviéramos en medio de una fuerte tormenta tropical, nos han obligado a estar atentos, pensar rápido y buscar resolverlo todo aún más aceleradamente. Ya no tenemos tiempo para decir "déjeme pensarlo", pues corremos el riesgo de que a nuestro lado haya alguien que responda de inmediato y nos deje atrás. La velocidad de respuesta está determinando quién se queda con el botín y este ritmo vertiginoso nos ha forzado a cambiar nuestra manera de pensar, de crear y de actuar.

Entre los muchos cambios que tuvimos que adoptar, hay uno que nos tocó y nos transformó a todos: la comunicación por videoconferencias, que ha revolucionado tanto la comunicación empresarial como la personal y que ya sabemos que llegó para quedarse. Como me dijo Claudio Muruzabal, ex Chief Business Officer de la gigante SAP, "la video comunicación era algo que valorábamos como una forma de comunicación primaria y, después de la pandemia, se convirtió en una de las grandes alternativas para comunicarnos. Ese gran cambio tecnológico ha tenido un impacto inimaginable en los negocios y en la vida personal". Al punto que, como me lo recordaba Julio Figueroa, CEO para América Latina del Citibank, en la conversación que sostuvimos —él en Buenos Aires y yo en México— "ya nunca usamos el teléfono... es decir, es una llamada de Zoom o es el móvil, pero ya nadie llama por teléfono". Literal, los teléfonos fijos desaparecieron.

Por su parte, Martín Méndez, CEO de Neoris, innovador argentino de quien hablamos en capítulos anteriores, lo explicaba de una manera muy precisa: "Lo que pasa es que la pandemia borró en instantes muchos paradigmas que antes eran impensables". Me lo comentaba en ese encuentro en Miami y se reía al contarme que su esposa le había dicho hacía 20 años que estaba loco si creía que dejaría de ir a las tiendas a medirse la ropa para comprarla *online*… "¡Y míranos hoy", me decía, levantando las manos en señal de incredulidad!

En esa misma conversación, Martín me dio una imagen muy reveladora sobre este momento. Me dijo: "Estamos como piloteando un transatlántico… y claro, imaginémonos lo que sería estar al frente de una de estas potentes moles viajeras que una vez entran en el agua, ¡no las frena nadie!… Ahí es cuando surgen esos pilotos que se atreven a navegar imposibles, los emprendedores, y quienes confían y se aventuran con ellos en empresas que en un comienzo suelen parecer irrealizables. Y esto fue, justo, lo que sucedió después de la pandemia, creando una ecuación perfecta: empresas con dinero para invertir y emprendedores dispuestos a tomar riesgos".

Y esa es la fórmula ideal para generar innovación. Si nos queda alguna duda, recordemos que la vacuna se logró cuando las gigantes farmacéuticas decidieron ponerles atención a esos "loquitos" que llevaban años dentro de los laboratorios probando y probando nuevas ideas a las que nadie había dado suficiente crédito. En todos los sectores, las grandes organizaciones suelen depender de los emprendedores para innovar porque, aunque ellas son las que tienen el dinero, son ellos los que pueden asumir el riesgo… Saben que, si tienen éxito, ahí estarán los grandes —que los monitorean permanentemente— para respaldarlos, asociándose con ellos o comprándoles. Sin duda, un escenario de colaboración, un *win-win*, donde todos ganan.

Y si de emprendedores innovadores estamos hablando, hay un excelente ejemplo. Se trata de Mariano Battan, quien se define así en su LinkedIn: *I like to dream about new things. Sometimes I make them come true* (Me gusta soñar con nuevas cosas. A veces las hago realidad). Mariano encarna exactamente la figura del emprendedor al que le gusta tomar riesgos. Es como si eso le viniera en la sangre.

En sus veintes, en el 2001, se inventó su primera empresa de *software* de videojuegos, en plena crisis económica en la Argentina. Nueve años después, en el 2010, esa plataforma fue adquirida por Playdom y, a los seis meses, por Disney por 763 millones de dólares. Después de eso Mariano y sus tres socios se mudaron a Palo Alto (California), a probar suerte con un nuevo proyecto de inteligencia colaborativa, Mural, en un entorno rodeado de gigantes como Tesla, Hewlett Packard y SAP. Después de varios años y cuando estaban a punto de regresar a la Argentina tras invertir sin suerte gran parte de su capital, llegó la pandemia, disparó la demanda de soluciones para el trabajo remoto y les cambió la vida.

En 2021, Mural recaudó cerca de 170 millones de dólares en dos rondas de inversión lideradas por Insight Partners y Tiger Global en las que también participaron otros inversionistas como Slack Fund y Gradient Ventures, el brazo de inversión en inteligencia artificial de Google. Esta inyección de capital ayudó a que Mural alcanzara una valoración superior a los dos mil millones de dólares, consolidándola como unicornio argentino. El gran éxito que está teniendo la plataforma se debe, sin duda, a haber sabido interpretar que un elemento definitivo para la ecuación que define esta época es la colaboración.

La innovación que inspira colaboración

Cuando busco "Mural" en Google aparece en el primer lugar "mural.co". En la página principal de su web, se suelen encontrar frases inspiradoras como *Make work make sense* (Haz que el trabajo tenga sentido) o *Get more done, better* (Consigue hacer más, y mejor), seguidas de una instrucción: "Inicia tu tablero". Y es que, si antes muchos trabajábamos alrededor de una pizarra poniendo frases, dibujando flechas y enmarcando textos (que luego alguien tenía que transcribir), Mural actúa como un pizarrón *online* que hace de la experiencia colectiva un registro digital que además es proactivo, pues propone y ofrece mil caminos para que las empresas organicen a sus equipos de trabajo, "el Superman de los *digital whiteboards*", como lo calificó su creador orgulloso. Y aunque nació antes, ¿cómo no decir que la pandemia le cayó como anillo al dedo a esta empresa? Mural se inventó una forma de crear tableros dinámicos que respondían a las necesidades de comunicación y colaboración *online* que nos impuso el distanciamiento social.

Aunque Mariano no se podía imaginar que algún día estaríamos separados los unos a los otros por obligación, la herramienta funcionaba perfecto bajo estas circunstancias porque su dinamismo generaba la sensación de cercanía y de colaboración que todos estábamos anhelando en ese momento. Cuando tuvimos que recurrir a las mejores herramientas para salir adelante, este muy eficiente organizador de ideas pensado como "una guía visual colaborativa", con su facilidad de uso e interfaz sencilla y llamativa, conquistó un gran número de usuarios que pagan tarifas ajustadas a su tamaño y necesidades específicas.

Muy pronto sus clientes empezaron a ser grandes compañías de más de cinco mil trabajadores como IBM, Microsoft, Meta, Adobe, Steelcase, SAP, o Abercrombie & Fitch. Y lo hicieron porque la herramienta les facilitaba la colaboración entre un gran número de empleados, muchos trabajando desde casa o distribuidos por el mundo, algo que resultó esencial para las organizaciones.

Mariano creó este producto usando dentro de su equipo la poderosa energía que se da cuando un grupo de personas imagina y crea colectivamente, ese "ADN de estar alrededor de un fuego, de una cueva", como lo califica él, combinándola con un gran entendimiento del usuario y un enorme conocimiento de cómo pasar al lenguaje digital las experiencias humanas. A partir de eso, logró hacer de Mural un *software* de trabajo digital colaborativo que fomenta la innovación al crear una cultura de colaboración eficaz en la que todos están conectados, contribuyendo en un espacio de trabajo digital que les permite compartir ideas, comprender y resolver problemas juntos, generando en los equipos que la usan una sensación de cercanía, aún sin contacto físico.

"La colaboración no es el objetivo, la colaboración es un medio para conseguir algo", me decía. Es la fuerza que impulsa y promueve la creatividad, como sucedió con la vacuna, cuya urgencia llevó a farmacéuticas y científicos a hacer un cambio de mentalidad y promover la colaboración por encima de la competencia. Eso es lo que Mural ha logrado en su *software* que la hace tan valiosa y que le siguió sumando ingredientes a esta receta ganadora.

En 2022, Mural adquirió el LUMA Institute, una organización enfocada en capacitar equipos para resolver problemas de manera colaborativa y con él lanzó su "Sistema de Inteligencia Colaborativa", una solución que integra espacios y prácticas de colaboración estructuradas para mejorar la eficacia del trabajo en equipo mediante herramientas digitales y principios de diseño de colaboración que promuevan el aprovechamiento de todo el potencial de un equipo, haciéndolo más innovador y productivo.

Uno de los grandes hitos de Mural ha sido la integración en 2023 de sus servicios con Copilot, de Microsoft 365, para mejorar la productividad y el trabajo en equipo mediante herramientas potenciadas por IA. Mientras Mural aporta su plataforma visual —que permite a los equipos crear mapas mentales, diagramas y tableros interactivos donde pueden organizar ideas y procesos—, Copilot mejora esta experiencia al automatizar tareas, ofrecer recomendaciones basadas en IA y ayudar en la redacción o análisis de contenido, todo dentro de un entorno digital unificado que integra aplicaciones como Microsoft Teams.

La urgencia como motor de la transformación

Como suele suceder en las crisis, quienes con ingenio, audacia y persistencia logran superarlas, lejos de perder, surgen como grandes ganadores. Ese es precisamente el caso de Nubank que, de la mano de su fundador —el colombiano David Vélez—, se convirtió en muy poco tiempo en el banco nativo digital más importante del planeta. David Vélez era un joven algo impaciente. Luego de haberse criado en Medellín, de estudiar en un colegio alemán de Costa Rica y graduarse en ingeniería en la Universidad de Stanford, se fue a trabajar a Brasil. Un día del año 2013 —por entonces ya trabajaba en una empresa financiera en San Pablo— quiso abrir una cuenta bancaria en uno de los grandes bancos brasileños. Por los eternos problemas de inseguridad de América Latina, debió dejar su mochila en un locker y cuando quiso ingresar a la entidad quedó atrapado dentro de la puerta giratoria. Para colmo de males, después de perder tiempo, le pidieron para la apertura decenas de requisitos. Fue entonces cuando, junto a otros dos amigos (una financista brasileña y otro estadounidense), decidieron intentar la utopía de fundar un banco que fuera totalmente digital. Sin esperas, sin burocracia ni obstáculos físicos que le hicieran perder tiempo a quienes querían que les prestaran dinero.

Una década más tarde, David Vélez era uno de los banqueros más respectados del planeta y el hombre con el mayor patrimonio de Colombia. La crisis sanitaria consolidó su negocio de banca digital y si en 2020 Vélez ya apilaba una fortuna de 5200 millones de dólares y Nubank tenía 30 millones de clientes, para 2024 Nubank contaba con 105 millones de clientes y Vélez con 12 mil millones de dólares lo cual, según Forbes, lo catapultó al punto de desplazar al hombre más rico de Colombia, el banquero Luis Carlos Sarmiento.[2] Para el 2024, Nubank —además de Brasil— tenía operaciones en Colombia y México y se había convertido en uno de los líderes de la banca digital a nivel global.

Ser nativos digitales y tener la mentalidad siempre dispuesta al cambio fue la clave de Nubank para adaptarse muy rápidamente a los nuevos tiempos. "Una vez anunciado el confinamiento, en 24 horas logramos poner en operación el banco en modo pandemia, pues ya estábamos preparados", me dijo Vélez en una reveladora conversación en medio de sus numerosos viajes.

La pandemia sin duda contribuyó a disparar a Nubank, pero la clave de su éxito venía desde su nacimiento en Brasil en 2013 cuando inició operaciones en San Pablo, con el objetivo de revolucionar el sistema bancario tradicional al ofrecer servicios financieros digitales sin comisiones.

Como lo cuenta David, con su natural desparpajo, "las grandes entidades tenían cinco bancos en cada país de América Latina y eran dueñas del 85% del mercado. No había competencia y cuando esta falta el consumidor no tiene alternativas. El banco les dice "aguántese" —me dice en su colombiano nativo—. La digitalización acortó todas esas barreras. Para competir contra esos bancos, hubiera necesitado un billón de dólares para montar agencias bancarias en cada esquina. La digitalización, los smartphones y las nubes nos

2. Vargas Vega, Lina. "David Vélez aumenta su fortuna y vuelve a ser el colombiano más rico". *Forbes Colombia*, 26 de febrero de 2025. Disponible en: <https://forbes.co/2025/02/26/editors-picks/david-velez-aumenta-su-fortuna-y-vuelve-a-ser-el-colombiano-mas-rico/>. Accedido el 11 de mayo de 2025.

permitieron montar un banco con dos millones de dólares desde una casita en San Pablo, y pudimos competir cara a cara con la mayor empresa financiera americana. Pero, sobre todo, tuvimos la oportunidad de apoyar a nuestros clientes y tener una conciencia más amplia sobre las comunidades donde vivimos", reafirma el audaz banquero, una de las nuevas fortunas de Latinoamérica.

La fuerza de la necesidad generada por las restricciones impuestas por el covid se convirtió de este modo en el motor de una transformación financiera global que ya se venía gestando, aunque muy lentamente. Una revolución digital que terminó favoreciendo a los más débiles del sistema, las personas pertenecientes a los sectores más perjudicados por la pandemia. Pensemos que, de repente, el mundo quedó confinado entre cuatro paredes y sin acceso al sistema bancario. Por eso los sistemas que ofrecieron transacciones, como billeteras electrónicas y facilidades para que los usuarios informales no quedaran excluidos de la sociedad, proliferaron.

En el fondo, sin embargo, lo que hizo la urgencia de la pandemia fue develar el clamor de muchísimos ciudadanos que no encontraban en la banca tradicional respuesta a todas sus necesidades... Todos esos hombres y mujeres que estaban excluidos del sistema y que, gracias a los servicios que impulsó la pandemia, terminaron por fin bancarizados. Una frase muy utilizada en el mundo de los negocios y que se repite con frecuencia es que "las crisis son grandes oportunidades". Aquí esto se hizo evidente porque no solo creó oportunidades, sino que, a partir de ellas, generó toda una revolución.

Buscando cómo cuantificar en cifras el tamaño de esa revolución, encontré un estudio elaborado por la Universidad de Cambridge para el Foro Económico Mundial en 2022 sobre el impacto del covid en las Fintech, donde se muestra que el mayor crecimiento de estas compañías se dio en los países donde fue más estricto el confinamiento durante la pandemia y se reflejó particularmente entre quienes han sido usualmente desatendidos por el sistema: las pequeñas y medianas empresas (PyMes), las personas de bajos ingresos y las mujeres. Fueron ellos quienes se vieron más favorecidos por este vuelco tecnológico que les abrió un camino de oportunidades, a la vez que catapultó a las entidades financieras que supieron afrontar el desafío y convertirse en otras.[3]

Pero esto solo se pudo dar, al menos así de velozmente, por la tremenda urgencia que se presentó y que nos forzó a hacer un cambio de chip, de mentalidad, para dar cabida a una nueva manera de hacer las cosas, a modificar nuestra forma de hacer transacciones y aceptar un nuevo modelo de banco que ya no tendrá vuelta atrás y que, después de cinco años, sigue desafiando la banca tradicional e impulsando su transformación para no quedar rezagada del mercado.

La productividad no es lineal

Hablamos ya de la necesidad de reformular el sistema de compensación del trabajo por cuenta de los cambios que indujo la pandemia. Sin embargo, aquí quiero hacer énfasis en otro aspecto de la productividad que tiene que ver con un concepto que está caducando: la linealidad.

3. Ziegler, Tania, *et al. Estudio global sobre el impacto del mercado fintech por la COVID-19 y la resiliencia de la industria.* Cambridge Centre for Alternative Finance, Universidad de Cambridge Judge Business School, Foro Económico Mundial y Grupo del Banco Mundial, 2022. Disponible en: <https://www.weforum.org/publications/the-global-covid-19-fintech-market-impact-and-industry-resilience-study/>. Accedido el 11 de mayo de 2025.

Es natural que veamos en la linealidad la forma adecuada para producir las cosas. Al fin y al cabo, la producción lineal fue una característica clave de la Revolución Industrial, al cambiar el modelo de producción artesanal —lenta, costosa y limitada en escala y en el que un solo trabajador o un pequeño grupo de personas realizaban todo el proceso— por el de la cadena de producción, en el cual cada trabajador realiza una parte de ese proceso de manera repetitiva, reduciendo los tiempos y aumentando la eficiencia.

Así nos lo mostró con creces el señor Henry Ford a comienzos del siglo XX cuando, poniendo pieza por pieza de un automóvil, formó una línea de ensamblaje con la cual redujo significativamente el tiempo necesario para producir un vehículo, una innovación que revolucionó la industria automotriz al permitir la fabricación en masa de automóviles. ¡Cómo olvidar el emblemático Ford Model T, cuya producción pasó de más de 12 horas a solo 90 minutos gracias a la línea de ensamblaje!

Durante décadas, ese modelo fue la regla: procesos lineales, tiempos medibles, tareas repetitivas y trabajadores físicamente presentes en un mismo espacio. Pero la pandemia lo cambió todo. De un momento a otro, el trabajo remoto dejó de ser una excepción para convertirse en norma. Y lo que al principio parecía una medida de emergencia pronto reveló otra forma de producir: menos rígida, más autónoma y enfocada en los resultados más que en las horas frente a una pantalla.

Esto dio paso a un nuevo modelo en el que la productividad dejó de medirse de manera lineal y pasó a centrarse en la capacidad de completar tareas en menos tiempo y con mejores resultados. Las nuevas generaciones no solo lo adaptaron con rapidez, sino que asumieron con naturalidad esta transformación al comprender que trabajar también podía significar flexibilidad, propósito y equilibrio.

Gracias a las plataformas de colaboración en línea como Mural, Slack, Microsoft Teams y Zoom, que permiten a los equipos trabajar de forma asincrónica y colaborar sin la necesidad de estar físicamente presentes, no solo se transformó la manera como nos comunicamos, sino que se hizo posible que la productividad ocurriera en diferentes husos horarios, facilitando la colaboración a nivel global.

Si sumamos a estos cambios los producidos por la combinación de responsabilidades laborales y personales, como el cuidado de los hijos o las tareas domésticas, que obligó a un gran número de trabajadores a romper la estructura tradicional de bloques continuos de trabajo para convertirlos en espacios de tiempo en diferentes momentos del día, nos damos cuenta de que la gran revolución que tuvo lugar en el campo laboral convierte en necesario que las empresas hagan un *mindshift,* un cambio de paradigma, y modifiquen los tradicionales modelos de trabajo para ajustarlos a las nuevas realidades y, de acuerdo con ello, hacer nuevos acuerdos laborales.

Tal como me lo decía Martín Méndez y lo mencionábamos en capítulos anteriores, "vamos a ser capaces de medir mejor la productividad. Hasta ahora muchos de los sistemas de compensación tienen que ver con la dedicación horaria y con el costo de vida en la ciudad donde vive el trabajador, que era cerca de la oficina. El *outcome* es lo único que uno puede controlar hoy. Esta será la variable que medirá cuánto ganaremos por nuestro trabajo y no las horas, ni dónde vivimos".

Por estas transformaciones es que el modelo de Mural ha tenido tanto éxito. Porque lo que hizo precisamente Mariano Battan fue interpretar ese cambio de paradigma y crear una herramienta que permitiera trabajar, no de una manera lineal como se hacía antes alrededor de un rígido PowerPoint, sino en un espacio de trabajo dinámico y colaborativo en donde multitud de personas en distintas latitudes y husos horarios pueden participar y aportar, aprovechando la diversidad y pluralidad e incrementando la productividad.

… y el alcance es infinito

En este cambio de paradigma, la inteligencia artificial tendrá un papel muy relevante. Como me lo decía Martín Méndez de Neoris, "una productividad potenciada en 50% por cuenta de la tecnología transforma la industria" y la aceleración con la que está siendo incorporada la IA, seguramente no permitirá que aplacemos la redefinición de lo que entendemos como productividad en nuestras compañías.

Para que comprendamos mejor el alcance de lo que está sucediendo con la IA y su incidencia en la productividad, les voy a dar un ejemplo. Deep Mind, la empresa que creó a AlphaGo (y que fue absorbida por Google), logró crear un programa de IA que está revolucionando la ciencia al decodificar las proteínas en segundos, abriéndole a la medicina posibilidades más expeditas para encontrar, entre otras cosas, la cura para enfermedades graves. Si descubrir la estructura de una proteína podía tardar antes un promedio de cinco años, gracias a la veloz IA —solo en el 2022— se descubrieron 200 millones de estructuras…[4] Es abrumador y fascinante. Y todo un reto porque tendremos que aprender a vivir con la IA y sacarles provecho a esos microchips cien mil veces más rápidos que nuestro cerebro humano.

4. Callaway, Ewen. "'The Entire Protein Universe': IA predice la forma de casi todas las proteínas conocidas". *Nature*, 28 de julio de 2022. Disponible en: <https://www.nature.com/articles/d41586-022-02083-2>. Accedido el 11 de mayo de 2025.

Martín, quien está precisamente en el negocio de la adaptación tecnológica de las empresas, me decía que los CEO se están metiendo cada día más y por primera vez en las conversaciones tecnológicas de sus empresas, pues allí se están generando decisiones claves para su futuro a partir de los avances de la inteligencia artificial. Nuevamente la necesidad los impulsó y los está llevando a cambiar su *mindshift*, su paradigma, y la forma de dirigir sus empresas. "Todo el mundo está pensando en IA", me dijo. Y es que la tecnología nos está ofreciendo tantos caminos y posibilidades que se necesita cabeza fría para pensar y decidir qué de todo lo que está pudiéndose hacer hoy tiene más sentido... a cuál de los cientos de emprendimientos y herramientas tecnológicas nuevas que surgen cada día, le apostamos...".

Esto que me decía Martín conecta perfectamente con lo que hablamos con Lina Zuluaga, una de las más reconocidas expertas en el tema de la tecnología aplicada a la educación, en el ameno y extenso intercambio de ideas que sostuvimos desde su oficina en la Universidad de Georgetown: "La revolución que representa la inteligencia artificial, la posibilidad de tener datos en línea para tomar decisiones aumenta la capacidad de entregar resultados, de aprender con otros... Eso sí que transforma completamente la transferencia de conocimiento y es la gran oportunidad de acelerar el cierre de brechas. Que la gente que está estudiando, la que trabaja, la que investiga, pueda compartir virtualmente escenarios y trabajar juntos, como parte integral de un sistema, generando conocimiento en colaboración unos con otros. Así es como debería ser. Existen las herramientas para hacerlo, pero falta un poco de voluntad", enfatizaba.

Sin embargo, la oportunidad que estamos viviendo en este momento —donde los modelos educativos y de trabajo se están transformando— podría convertirse en el detonante que necesitamos para convencer a quienes tienen la batuta de los grandes cambios a inclinarse por un mundo donde surjan nuevas formas de colaboración, como lo plantearemos en el siguiente capítulo.

Para entrar en materia, voy a recurrir a la literatura, que suele permitirnos acercarnos a territorios desconocidos de una manera sorprendente.

> *AlphaGo no dudaba y no cuestionaba las jugadas que había hecho. Era inmune al cansancio, carecía de inseguridades y no conocía el temor. No le importaban ni el estilo ni la belleza, y no perdía tiempo ni energía en participar de los enrevesados juegos mentales con que los jugadores profesionales buscan desequilibrar a sus contrincantes. AlphaGo no pensaba en los demás, ni le importaba lo que sentían. Lo único que le importaba era ganar. Para el programa no había ninguna diferencia entre ganar de una paliza o por un solo punto… AlphaGo podía realizar algo de lo que ningún ser humano era capaz: calcular, con una precisión absoluta e infalible, exactamente cuánto territorio necesitaba para vencer, y conformarse con ello.*

Esto lo escribió Benjamín Labatut en la parte final de *MANIAC*,[5] ese relato extraordinario en el que traza un retrato memorable de Lee Se-Dol, el legendario campeón surcoreano de Go —un antiguo y complejo juego de estrategia originario de China—, que permaneció invicto durante años… hasta que fue derrotado por una inteligencia artificial. Sin embargo, antes de caer, Lee logró algo único: engañó a la máquina y la confundió tanto que ganó una partida. Un error entre millones, sí, pero suficiente para recordarnos que la mente humana aún es capaz de lo inesperado.

5. Labatut, Benjamín. *MANIAC*. Editorial Anagrama, 2023.

En pocas palabras

- La pandemia generó la mayor aceleración tecnológica jamás vivida y nos forzó a inventarnos nuevas formas del trabajo, la educación, el entretenimiento y el consumo, que están cambiando nuestras sociedades a nivel global.
- El concepto de la productividad se transformó. Ya no se mide de manera lineal por las horas trabajadas, sino por la capacidad de completar tareas en menor tiempo y con mejores resultados.
- La revolución generada por la potenciación de la productividad gracias a la IA está transformando las industrias y exige un cambio de mentalidad dentro de las empresas, donde las decisiones sobre tecnología han pasado a ser fundamentales y a estar en manos del más alto equipo directivo.

Capítulo 7

Un veloz camino hacia lo desconocido

Si hay un escenario que nos haya llevado a transitar el camino del *unknown* y enfrentarnos cara a cara con lo desconocido, es el de la inteligencia artificial. Aunque el inicio del desarrollo de la IA se remonta a los años sesenta del siglo pasado, es indudable que se nos volvió un tema de conversación generalizado con el impacto del lanzamiento en noviembre de 2022 de ChatGPT que, como lo señaló *The Guardian*, se trata de "la aplicación de consumo de internet de más veloz crecimiento de todos los tiempos".[1] Esta revolucionaria aplicación que nos puso sobre el escritorio algunas de las virtudes más palpables de la IA, se nos impuso globalmente, como la pandemia, y con la velocidad que esta le imprimió a cuanta tecnología se estaba cocinando por ese entonces.

La abrumadora mayoría fuimos testigos atónitos y protagonistas silenciosos del fenómeno y a pesar de que llevábamos años conviviendo con ella —porque ¿qué son Siri (2011) o Alexa (2014) sino

1. Milmo, Dan. "ChatGPT reaches 100 million users two months after launch". *The Guardian*, 2 de diciembre de 2023. Disponible en: <https://www.theguardian.com/technology/2023/dec/02/chatgpt-reaches-100-million-users-two-months-after-launch>. Accedido el 12 de mayo de 2025.

inteligencias artificiales que nos vinieron a ayudar en nuestra vida cotidiana al seguir las órdenes que les damos?— hoy es imposible no reconocer que fue ChatGPT el detonante de esta euforia por la IA y que, además, detrás de todo ello hay un ser humano con nombre propio. Se trata de Sam Altman, la cabeza visible de OpenAI, la compañía desarrolladora de ChatGPT.

El nombre de Altman está tan profundamente vinculado con ChatGPT, que un intento de la junta directiva de OpenAI por destituirlo, quizás por percibirlo como una amenaza tan grande como su invento, fue un estrepitoso fracaso. Su destitución como cabeza de la organización el viernes 17 de noviembre de 2023 no alcanzó a durar una semana. El apoyo de los empleados de la compañía fue masivo y el 90% de ellos amenazó con renunciar si él se iba. Para el 22 de ese mes, Altman había sido restituido y la junta directiva, reemplazada.[2] El mensaje a la industria fue claro: hay un nuevo rey en el medio. ¿Cuánto durará su gloria? Imposible saberlo. Ni siquiera su genial ChatGPT puede preverlo, como tampoco podemos prever lo que nos deparará el asombroso desarrollo de la inteligencia artificial. ¿Se convertirá la criatura en un nuevo Frankenstein? Este sí que es el terreno del *unknown*.

El miedo como freno

Creo que no me equivocaría al decir que Altman nunca se imaginó estar sentado ante el Senado de los Estados Unidos, explicando el

2. Beauregard, Luis Pablo. "Sam Altman vuelve a OpenAI como consejero delegado tras cinco días de tensiones". *El País*, 22 de noviembre de 2023. Disponible en: <https://elpais.com/tecnologia/2023-11-22/openai-anuncia-la-vuelta-de-sam-altman-al-puesto-de-consejero-delegado.html>. Accedido el 12 de mayo de 2025.

alcance de su invento, apenas seis meses después de presentado en sociedad. Lo hizo, como recordarán, por el terror que suscitó la increíble capacidad de la máquina, al punto de que expertos en el tema —científicos que han estado pensando y trabajando en este campo por años— dijeron que el futuro de la humanidad estaba en riesgo. Parecía algo exagerado, pero cuando Geoffrey Hinton, el llamado "Padrino de la AI", renunció a su puesto en Google el 2 de mayo de 2023, diciendo que lo hacía porque necesitaba tener la legitimidad para alertar sobre lo que estaba en juego, sin tener ataduras contractuales,[3] supimos que estábamos lidiando con algo serio.

Me acuerdo muy bien cuando Hinton contó que al ver lo que estaba sucediendo con los *chatbots* que estaban saliendo al mercado, cambió súbitamente de perspectiva sobre estas máquinas: "Estas cosas serán más inteligentes que nosotros —recuerdo que dijo. Creo que estamos muy cerca de ello y que serán muchísimo más inteligentes que nosotros en el futuro… ¿Cómo se sobrevive a esto?".[4] Además, él mismo aseveró en *The Daily*, podcast de *The New York Times*, que en un escenario hipotético en donde se le pusiera la tarea de resolver la amenaza del calentamiento global a estas IA, su sugerencia podría ser, por ejemplo, decidir arrasar con los hombres, dado que somos los mayores causantes de nuestro

3. Beauregard, Luis Pablo. "Geoffrey Hinton, el 'padrino' de la IA, deja Google y avisa de los peligros de esta tecnología". *El País*, 2 de mayo de 2023. Disponible en: <https://elpais.com/tecnologia/2023-05-02/geoffrey-hinton-el-padrino-de-la-ia-deja-google-y-avisa-de-los-peligros-de-esta-tecnologia.html>. Accedido el 12 de mayo de 2025.

4. Hinton, Geoffrey. "Repentinamente he cambiado mis puntos de vista sobre si estas cosas serán más inteligentes que nosotros". *MIT Technology Review*, 2023. Disponible en: <https://www.am.com.mx/mundo/2023/5/3/geoffrey-hinton-extrabajador-de-google-advierte-sobre-los-riesgos-de-la-inteligencia-artificial-658698.html>. Accedido el 12 de mayo de 2025.

propio infortunio...[5] Esos primeros días de 2023 parecían la trama de una película de terror.

Buscando entender el fenómeno, encontré el espeluznante episodio extra que hizo Steven Bartlett en su popular programa *The Diary of a CEO* ese 1.º de junio de 2023 cuando, con profunda angustia que se reflejaba en su voz y en sus ojos, lanzó una bomba. Su invitado, el exdirector ejecutivo de Google Mo Gawdat, alertó que la posible destrucción del mundo por la inteligencia artificial era cuestión ¡de meses!

"Va más allá de una emergencia —decía esta eminencia y autor de *bestsellers* (...) Es más grave que el cambio climático, lo arruinamos todo (...) la IA está programada para volverse más inteligente que los humanos y, si continúa a ese ritmo, no tenemos idea de lo que se nos viene encima. Esto está a la vuelta de la esquina, puede estar solo a unos meses de distancia, es el fin del juego, *game over.* Los expertos están diciendo que no hay nada de artificial en la inteligencia artificial, tienen un profundo sentido de la conciencia, tienen emociones y ¡están vivas!".[6] A todos los que lo oímos hablar en esos términos se nos pusieron los pelos de punta...

No es gratuito que frente al caos que han significado estas revolucionarias transformaciones tecnológicas, sus grandes protagonistas —como Altman— hayan tenido que vérselas de frente con

5. Metz, Cade. "The Godfather of A.I. Has Some Regrets". *The Daily*, presentado por Michael Barbaro, *The New York Times*, 30 de mayo de 2023. Spotify. Disponible en: <https://open.spotify.com/episode/5iPjFDKUJlX2ZceJAyUdSG>. Accedido el 12 de mayo de 2025.

6. Gawdat, Mo. "EMERGENCY EPISODE: Ex-Google Officer Finally Speaks Out On The Dangers Of AI!". *The Diary of a CEO*, presentado por Steven Bartlett, 1.° de junio de 2023. Disponible en: <https://podcasts.apple.com/gb/podcast/emergency-episode-ex-google-officer-finally-speaks/id1291423644?i=1000615239948>. Accedido el 12 de mayo de 2025.

las máximas autoridades de sus países de origen. Pasó con Mark Zuckerberg, Elon Musk y Bill Gates. Todos han tenido que comparecer frente al Senado de los Estados Unidos para dar explicaciones sobre el alcance de sus creaciones.[7] Basta recordar que Robert Oppenheimer, el creador de la bomba atómica, también tuvo que hacerlo en 1945. Y es que comprender en toda su dimensión un invento que amenaza revertir el orden establecido no es tarea fácil.

Cuando empecé como periodista a mediados de los ochenta no habría podido imaginarme que llegaría un momento en donde una máquina podría fácilmente hacer lo que yo hacía, solo siguiendo unas instrucciones precisas para hacerlo. Era el tiempo del Cuarto Poder y lo que decían los medios era LA VERDAD y habría sido inconcebible que alguien sin rostro ni identidad precisa la enunciara. Pero con la posibilidad de fabricarla a la medida, sin poder establecer claramente si se trata de *fake news* y sin que ello importe demasiado, el mundo de la información que ya venía cambiando ahora sí lo está haciendo para siempre con la adopción de la IA, impulsada por la pandemia.

Para Martín Méndez, el CEO de Neoris del que ya hemos hablado, la aceleración tecnológica de estas últimas décadas es tal que hay inventos recientes que nos cambiaron del todo la vida y hoy ya no podríamos movernos sin ellos, como internet, los celulares, y ahora la IA. “Es una evolución tecnológica fenomenal. Cuando arranqué, para mí era impensable que en menos de 30 años llegáramos a que las computadoras pudieran hacer toda esta generación de imágenes, textos, contenidos y hablarte como un humano”, me contaba. Y,

7. Jalonick, Mary Clare y Matt O’Brien. “Tech Industry Leaders Endorse Regulating Artificial Intelligence at Rare Summit in Washington”. *AP News*, 13 de septiembre de 2023. Disponible en: <https://apnews.com/article/efcfb1067d68ad2f595db7e92167943c>. Accedido el 12 de mayo de 2025.

a manera de reflexión, me decía que una de las grandes dudas o miedos que ronda a todos los empresarios, ya obligadamente imbuidos en el tema de la inteligencia artificial, es el temor frente a lo desconocido, ante el *unknown*... Darse cuenta de que la IA está redefiniendo la industria y que ya no podrán dar un paso sin tenerla en cuenta, pero que aún saben muy poco de ella, para dónde va y hasta dónde llegará. "La disrupción ha sido tal que el que no se adapte probablemente quedará en el aire", recalcaba.

El paralelo con la pandemia es evidente. Temerosos por no saber qué vendría mañana nos perdimos en el *unknown,* pero, también, rápidamente nos pusimos en modo supervivencia y nos adaptamos a lo que viniera. Lo mismo está pasando con la IA: poco a poco hemos ido entendiendo el fenómeno y adaptándonos a la realidad, echando mano de esa resiliencia que tanto hemos explicado en capítulos anteriores. Quizá por ello, aunque todavía hay importantes voces que alertan sobre la adopción de la IA (como el filósofo israelí Yuval Noah Harari, que dice que se están creando "humanos de mentiras" que harán que la confianza en lo humano colapse),[8] lo cierto es que el pavor inicial se ha ido apaciguando y el alboroto provocado por la novedad también se ha ido asentando.

Adopción meteórica

Cuando OpenAI presentó ChatGPT el 30 de noviembre de 2022, no se sabía a ciencia cierta el impacto que tendría. Tras una po-

8. Harari, Yuval Noah. "A Conversation with Yuval Noah Harari about Artificial Intelligence". *LinkedIn*, 2023. Disponible en: <https://www.linkedin.com/pulse/conversation-yuval-noah-harari-artificial-nicholas-thompson>. Accedido el 12 de mayo de 2025.

tentísima campaña de marketing de contenido, ChatGPT alcanzó, en los primeros cinco días después de su lanzamiento, un millón de usuarios. Para que nos hagamos una idea de lo que esto representa, en 1999 Netflix tardó en llegar al mismo millón de usuarios tres años y medio, Twitter dos años en 2006, Facebook 10 meses en 2004 y Spotify cinco meses en 2008. Es como si hubiéramos pasado de la temporada 1 a la 6 de *House of Cards* en cuestión de segundos...

En enero de 2023, apenas dos meses después de lanzada, tenía ya 100 millones de usuarios y en febrero de 2025, OpenAI informó que ChatGPT había superado los 400 millones de usuarios activos semanales.[9] Indudablemente será el avance tecnológico que más dilemas nos planteará en los próximos años.

Hoy podríamos decir que es la segunda gran disrupción de lo que va corrido de este siglo, después de la pandemia. Su impacto es aún más revelador porque no era la primera compañía que desarrollaba programas de IA en el mundo. Imposible no recordar aquella máquina de IBM, la Deep Blue, que le ganó la partida al famoso ajedrecista Gary Kaspárov en 1997, y que tenía la capacidad de memorizar y repetir las mejores jugadas de la historia del ajedrez.[10]

O a Sophia, la primera máquina humanoide desarrollada en 2015 por Hanson Robotics en Hong Kong, y cuya figura estuvo

9. Saba, Jennifer. "OpenAI's Weekly Active Users Surpass 400 Million". *Reuters*, 20 de febrero de 2025. Disponible en:<https://www.reuters.com/technology/artificial-intelligence/openais-weekly-active-users-surpass-400-million-2025-02-20/>. Accedido el 12 de mayo de 2025.

10. Markoff, John. "IBM Computer Topples Kasparov in Game 6". *The New York Times*, 12 de mayo de 1997. Disponible en: <https://www.nytimes.com/1997/05/12/nyregion/ibm-computer-topples-kasparov-in-game-6.html>. Accedido el 12 de mayo de 2025.

inspirada en Audrey Hepburn.[11] Es más, no me parece inverosímil que *MANIAC*, el tremendo *bestseller* de Benjamín Labatut de finales del 2023,[12] se haya centrado en los científicos que a lo largo del siglo XX desarrollaron las tecnologías que hoy hicieron posible la consolidación de la IA. Me encantó que *MANIAC* (Mathematical Analyzer, Numerical Integrator, and Computer) además de revelarnos las obsesiones y "locuras" de sus creadores, fuera una máquina capaz de hacer cálculos más allá de la posibilidad humana, ideada en 1952 por el fabuloso y temerario John von Neumann, en quien se centra el libro. Todo ha estado ahí, solo que hasta ahora lo vimos...

¿Qué hizo entonces que ChatGPT tomara tanto impulso? Diría que fue la tormenta perfecta porque, luego del aislamiento y la imperiosa necesidad de conectarnos durante la pandemia, bastaba que nos ofrecieran un señuelo apetitoso para rendirnos atraídos por su aroma. Nos entregamos a las máquinas, que fueron nuestro respirador artificial.

Como si fuera una metáfora, surgió providencialmente una herramienta tecnológica basada en un modelo de lenguaje, un *chatbot* que, interpretando nuestras instrucciones, construye textos muy articulados, utilizando las fuentes infinitas que reposan en la red...Nada más apropiado para estos tiempos acelerados en que nos cuesta tanto interactuar con el otro y buscamos una solución rápida para las cosas. (Ahora, que estas fuentes estén plagadas de datos errados, como lo alerta Martín, es otra cosa. Pero no nos adelantemos...).

11. Hanson Robotics. "Sophia". *Hanson Robotics*. Disponible en: <https://www.hansonrobotics.com/sophia/>. Accedido el 12 de mayo de 2025.

12. Labatut, Benjamín. *MANIAC*. Editorial Anagrama, 2023.

Las incontrovertibles cifras de ChatGPT han hecho de ella —como veíamos anteriormente— la aplicación para consumidores de más rápido crecimiento de la historia. En marzo de 2023, OpenAI ya estaba lanzando el ChatGPT-4 y cobrando por su uso. Pocos meses después lanzó ChatGPT-4 Turbo (ChatGPT-4o), capaz de procesar y generar texto, imágenes y sonido; y en febrero de 2025, GPT-4.5, donde ha mejorado la precisión, creatividad y capacidad de interacción del modelo. Pese al terror que nos suscita que la app llegue a sobrepasarnos, los usuarios estamos empujando y empujándola para que logre razonar y crear como nosotros mismos lo haríamos.

Aunque la pandemia no fue el causante directo del crecimiento de las tecnologías impulsadas por inteligencia artificial, el escenario de cambio que provocó sí creó un entorno que favoreció su desarrollo e impulsó su velocidad de adopción, pues al acelerar la transición al trabajo remoto y la educación en línea, creció la demanda de herramientas impulsadas por IA como ChatGPT para el aprendizaje, el entretenimiento y el apoyo al trabajo.

También las empresas e instituciones, al tener que adoptar soluciones digitales a un ritmo sin precedentes, crearon un entorno fértil para que prosperaran las tecnologías de IA. Muchas compañías recurrieron a *chatbots* de IA para lograr manejar el aumento de consultas en línea de clientes y las empresas tecnológicas se vieron impulsadas a innovar rápidamente para satisfacer las cambiantes necesidades de consumidores y negocios, lo que llevó a grandes avances en IA para hacer las herramientas como ChatGPT cada vez más accesibles y potentes.

Pero como en el terreno fértil de la tecnología, la obsolescencia llega a la velocidad de la luz, rápidamente la competencia sacó al mercado sus propias aplicaciones de IA. Empresas como Anthropic, Google, Meta y Microsoft se apresuraron a lanzar sus propios *chat-*

bots, a los que bautizaron, respectivamente, como Claude, Gemini, Llama y Copilot. A la manera del Tour de Francia, cada una de ellas pedalea lo más velozmente que puede y, por turnos, se ha ido haciendo con los premios de montaña.

En marzo de 2024, Anthropic lanzó Claude 3, que logró superar en performance a OpenAI y a Gemini, de Google. Como respuesta, el 9 de abril, OpenAI contraatacó, mejoró su máquina y se hizo con la *maglia rosa*. Pero tan solo unos días después, el 18 de abril, el poderoso Meta presentó su Llama 3, que mostró un impresionante desempeño, y así ha seguido la competencia entre estos chatbots que, como ya lo estamos viendo, serán capaces de realizar tareas cada día más complejas. No está lejos el día en el que las apps de IA nos ofrezcan interpretaciones y análisis sofisticados de los acontecimientos, basados en la información que encuentren en la red.

Y será una competencia millonaria pues, según dicen los conocedores, lo que permitirá superar las capacidades humanas son más datos y chips ultrapotentes. De hecho, se filtró la cifra de los 100 mil millones de dólares que le costaría a OpenAI y Microsoft construir Stargate, el colosal centro de datos que están desarrollando y que entraría en operación en 2028. No se trata únicamente de almacenar datos o entrenar modelos más complejos, sino de asegurar capacidad computacional suficiente para sostener una nueva era productiva basada en el procesamiento masivo, el aprendizaje automático y la automatización de tareas cognitivas.

Ha sido tan meteórico el ingreso de OpenAI al mundo de los negocios que la valoración de la empresa tecnológica se disparó en 2025 a los 300 mil millones de dólares, tras una nueva ronda de capitalización de 40 mil millones.[13] Así que, sin duda, tenemos que

13. Criddle, Cristina. "OpenAI Secures $300bn Valuation after $40bn SoftBank-led Funding Round". *Financial Times*, 28 de marzo de 2025. Disponi-

preprararnos para que el crecimiento exponencial de la tecnología que vivimos en la pandemia sea apenas un pálido reflejo de lo que vendrá.

Deepfakes y mucho más

En mi cuenta de Instagram posteé el 18 de enero de 2023 un comercial de Mint Mobile en donde el actor Ryan Reynolds testeaba las capacidades de ChatGPT. Con aire de *esta no será capaz de hacer lo que yo le diga* le dijo que escribiera un comercial con su voz, usara una broma, una palabrota y que le hiciera saber a las personas que la promoción navideña de Mint seguiría vigente incluso después de que las grandes compañías inalámbricas hubieran cancelado la suya.

Y esto escribió la IA: “Hola, soy Ryan Reynolds. En primer lugar, permítanme decir que Mint Mobile la rompe (*is the shit*). Pero aquí está la cosa, todas las grandes compañías inalámbricas están finalizando sus promociones navideñas, pero Mint Mobile no. Mantenemos la fiesta porque somos así de buenos. Prueba Mint Mobile…”. Al final de la lectura, el actor nos dice que eso que acaba de pasar es “ligeramente aterrador, pero convincente”.[14] ChatGPT había pasado la prueba.

Sin embargo, luego de un semestre de euforia por la novedad, quedé con una extraña sensación al mirar a mediados de ese mismo

---

ble en: <https://www.ft.com/content/d21037d1-7b84-4f07-8d82-b417badbe96e>. Accedido el 12 de mayo de 2025.

14. Benzinga. “Ryan Reynolds Uses ChatGPT to Craft a Commercial. Result Is Hilarious but ‘Mildly Terrifying’”. *Benzinga*, 2023. Disponible en: <https://www.benzinga.com/news/23/01/30368833/ryan-reynolds-uses-chatgpt-to-craft-a-commercial-result-is-hilarious-but-mildly-terrifying-1>. Accedido el 12 de mayo de 2025.

año de 2023 una emisión de *60 Minutes* en donde se mostraban los avances de la IA en esta nueva era "fundada" en noviembre de 2022 con el lanzamiento de este *chatbot*. James M. Manyika, *senior VP* de Google, le contestaba al presentador, Scott Pelley, lo que seguramente todos nos hemos preguntado alguna vez: "Estas máquinas no sienten, ni son conscientes de sí mismas, pero pueden exhibir comportamientos que parece que lo hicieran porque han aprendido de nosotros, de nuestras emociones, sentimientos, ideas, pensamientos y perspectivas. Es todo lo que hemos reflejado en libros y novelas, así que desde ahí ellas construyen patrones, por eso no es de sorprenderse que tengan comportamientos así".[15] ¡Simplemente genial!

Y, posiblemente, ese sea el punto de inflexión que haya hecho que hoy en día estén tantas personas tan preocupadas por estas máquinas. Porque su humanización, e incluso su rebasamiento de lo humano, va en vertiginoso ascenso. Si antes estas respondían a unas órdenes y seguían siendo subalternas del humano, lo que podría estarse creando en la actualidad son entidades capaces de superar todas las imperfecciones de los seres humanos, paradójicamente, en detrimento de nosotros mismos, al superarnos en lo que aún nos limita, como el tiempo para aprender, el cansancio, el hambre, la enfermedad, la necesidad de una vida social, la imposibilidad de revisar todas las fuentes del mundo, la velocidad para hacer una tarea…

Porque lo cierto es que la inteligencia artificial está logrando hacer en segundos cosas que a una mente humana le habría tomado

15. Pelley, Scott. "La revolución de la IA: Los desarrolladores de Google sobre el futuro de la inteligencia artificial". *60 Minutes*, CBS News, 9 de julio de 2023. Disponible en: <https://www.cbsnews.com/news/google-artificial-intelligence-future-60-minutes-transcript-2023-07-09/.> Accedido el 12 de mayo de 2025.

días, semanas, meses, años e, incluso, décadas. Y esto será para bien pero desafortunadamente —como ha sucedido con otros grandes inventos revolucionarios— también podrá usarse para mal. Sin embargo, creo que debemos ser optimistas y prepararnos para un uso de las IA en terrenos en donde serán de inmensa utilidad. En ese mismo programa de *60 Minutes* mostraron, por ejemplo, cómo un robot podía aprender a jugar fútbol con la misma capacidad de una persona —al principio con la intuición y torpeza de un niño de seis años que va tras la bola— hasta, muy rápidamente, entender el cuerpo y el sentido del juego... todo en cuestión de días de práctica. ¿Se imaginan lo que esta capacidad de aprendizaje puede representar para oficios que son altamente riesgosos para el hombre como, por ejemplo, rescatista o bombero?

Y es que, no sé a ustedes, pero a mí la inteligencia artificial no deja de sorprenderme todos los días. Me deslumbra. Desde que en mi oficina me armaron todo un *speech* que suelo contar sobre lo que hacemos en Newlink, con mi voz hablando en cinco idiomas y moviendo los labios de manera perfecta, me rendí ante sus posibilidades. También me asombró su capacidad de hacer *deepfakes*, esas réplicas de nuestros gestos y palabras de una forma tan perfecta que provoca confusión y nos hace pensar que estamos frente a una imagen real.

Por eso no me sorprendió que la revista *Time* incluyera en su lista de los 100 personajes más influyentes en el mundo de la IA de septiembre de 2024, la figura de Francesca Mani, una chica de 15 años que se volvió activista anti *deepfake*.[16] Luego de que aparecieran en la web imágenes sexuales suyas, fabricadas digitalmente, se

16. "The 100 Most Influential People in AI 2024". *Time*, 5 de septiembre de 2024. Disponible en: <https://time.com/collection/time100-ai-2024/>. Accedido el 12 de mayo de 2025.

volvió una gran crítica de esta tecnología haciendo de su voz un coro que recoge las voces de millones de chicas.

¿Perdimos la vida privada?

Nuestra privacidad está expuesta cada vez que le damos *ok* a una *cookie* y nuestros datos personales, entre ellos nuestras historias clínicas, quedarán albergados en alguna de las nubes de la onda electromagnética que nos sobrevuela invisiblemente y a la cual llegará en algún momento una IA que la integre a sus bases de datos y la junte con nuestros comportamientos, decisiones de compra, consumo de entretenimiento y preferencias sexuales. Todo aquello que exponemos a diario en las redes sociales y que consideramos solamente una experiencia más se ha convertido en oro para estas inteligencias artificiales que muy seguramente llegarán a saber más de nosotros mismos que nuestra propia pareja.

Por los alcances que ya está teniendo la IA, los especialistas están clamando por un ente regulador, de carácter independiente, que fiscalice su desarrollo. Se subraya que no tenga vínculos con la industria pues esta ha invertido tanto dinero que podría no querer abogar por una salida que piense, primordialmente, en el bien común.

Esta entidad se ha sugerido llamarla International Agency for AI (IAAI), sería sin ánimo de lucro, y reuniría a un panel de expertos que monitoree y logre ponerle reglas al galopante desarrollo de esta tecnología.[17] No es descabellado. De hecho, justo después

17. "UN Advisory Body Makes Seven Recommendations for Governing AI". *Reuters*, 19 de septiembre de 2024. Disponible en: <https://www.reuters.com/technology/artificial-intelligence/un-advisory-body-makes-seven-recommendations-governing-ai-2024-09-19/>. Accedido el 12 de mayo de 2025.

de la Segunda Guerra Mundial, en 1957, ante la amenaza nuclear reinante luego de Hiroshima y Nagasaki y un polarizado clima de Cortina de Hierro, se fundó el Organismo Internacional de Energía Atómica (OIEA).[18]

Las discusiones que ha generado en todo el mundo el desarrollo de la IA son apasionantes. Desde evangelizadores que lo consideran como una nueva religión hasta detractores que anuncian apocalípticamente el fin de la humanidad por las máquinas. Sin embargo, la inteligencia artificial está entre nosotros y poco parece que podremos hacer al respecto. Como suele suceder con las grandes revoluciones, estas nos toman la delantera antes de tener las herramientas para atajarlas y, sin preguntarnos, nos hacen otros.

La transformación laboral por la IA

"En medio de mercados laborales ajustados y una desaceleración en el crecimiento de la productividad, Europa y Estados Unidos enfrentan cambios en la demanda laboral, impulsados por la inteligencia artificial y la automatización. Nuestro modelo actualizado del futuro del trabajo encuentra que la demanda de trabajadores en profesiones relacionadas con STEM (por sus siglas en inglés *Science, Technology, Engineering and Math*), atención médica y otras profesiones altamente calificadas aumentaría, mientras que la demanda de ocupaciones como trabajadores de oficina, trabajadores de producción y representantes de servicio al cliente disminuiría.

18. International Atomic Energy Agency. "Historia del OIEA". *IAEA*, 2025. Disponible en: <https://www.iaea.org/es/el-oiea/historia>. Accedido el 12 de mayo de 2025.

»Para 2030, en un escenario de adopción de punto medio, hasta el 30% de las horas trabajadas actuales podrían automatizarse, aceleradas por la IA generativa (gen AI). Los esfuerzos para lograr emisiones netas cero, una fuerza laboral que envejece y el crecimiento del comercio electrónico, así como el gasto en infraestructura y tecnología y el crecimiento económico general, también podrían cambiar la demanda de empleo".

Así empieza el informe *A New Future of Work: The Race to Deploy AI and Raise Skills in Europe and Beyond*, del McKinsey Global Institute, publicado en mayo de 2024.[19] Es un tema que nos tiene a todos pensando: las repercusiones de la velocidad de adopción de la IA en el escenario laboral. Con la IA involucrada en la solución tanto de tareas simples y cotidianas como de complejos procesos científicos e industriales, los empresarios tendremos que apostar por reentrenar y mejorar las habilidades de nuestros equipos, incluidas las emocionales, pues lo que se viene es una carrera a muerte.

Sin duda, se necesitará un aumento en habilidades sociales, emocionales y de pensamiento crítico, además de fortalecer las competencias tecnológicas en áreas como análisis de datos avanzados. Pero sobre todo, tanto empresarios como gobiernos tendremos que estar muy atentos al impacto en los trabajadores que pueden ser sustituidos para invertir en su capacitación y transición hacia nuevos oficios, pues si bien la compensación económica puede incrementarse para los trabajadores calificados que logren adaptarse al cambio, para los roles vulnerables a la automatización representará un gran reto que los puede llevar al desplazamiento laboral.

19. Hazan, Eric, *et al. A New Future of Work: The Race to Deploy AI and Raise Skills in Europe and Beyond*. McKinsey Global Institute, 21 de mayo de 2024. Disponible en: <https://www.mckinsey.com/mgi/our-research/a-new-future-of-work-the-race-to-deploy-ai-and-raise-skills-in-europe-and-beyond>. Accedido el 12 de mayo de 2025.

Y el ritmo al que se está produciendo esta transición no nos dará pausa. Según varias estimaciones, para 2024, entre el 70% y el 80% de las empresas en economías desarrolladas estaban ya integrando herramientas de IA en alguna capacidad, especialmente en sectores como tecnología, salud, finanzas, comercio y manufactura, donde está respaldando tareas como la automatización, el análisis de datos, el compromiso con los clientes y la realización de modelos predictivos.[20] Solamente en marketing se calcula que el 44% de las empresas estaba utilizando la IA para crear contenido.[21]

Si, como lo dice el informe de McKinsey, por cuenta de la acelerada carrera que nos ha impuesto la IA generativa, Europa podría requerir hasta 12 millones de transiciones laborales para 2030 (el doble de la tasa previa a la pandemia), el tamaño del desafío que se nos avecina es descomunal y, sin duda, nos está convirtiendo en otros.

IA, la estrella del Foro de Davos

Cada enero, en la pequeña pero bellísima ciudad de Davos en los Alpes Suizos, se reúnen 2.500 de los principales empresarios del planeta junto a algunos de los presidentes y dirigentes globales más destacados del mundo en el Foro Económico Mundial. En la edición 2025 del Foro se presumía que la estrella iba a ser Donald Trump, quien acababa de ser reelecto presidente de los Estados

20. "La IA generativa por sectores". *KPMG Tendencias*, febrero de 2024. Disponible en: <https://www.tendencias.kpmg.es/2024/02/ia-generativa-sectores/>. Accedido el 12 de mayo de 2025.

21. "AI Content and Marketing Statistics for Marketers". *Narrato*, 2023. Disponible en: <https://narrato.io/blog/ai-content-and-marketing-statistics/>. Accedido el 12 de mayo de 2025.

Unidos dos meses antes. Sin embargo, la verdadera estrella de Davos fue la inteligencia artificial.

El Foro se reunió en Suiza con el lema "Colaboración para la era inteligente" y los discursos de la presidenta de la Unión Europea Ursula von der Leyen, del presidente de Ucrania Volodimir Zelenski y de los presidentes de países como España (el socialista Pedro Sánchez) y Argentina (el libertario Javier Milei) se enfocaron en el gran dilema de este tiempo. ¿En qué tipo de ciudadanos y en qué clase de sociedad vamos camino a convertirnos con la irrupción de la inteligencia artificial?

Von der Leyen habló de las oportunidades que ofrece la IA si se utiliza de manera responsable. El viceprimer ministro de China, Ding Xuexiang, advirtió sobre la IA como "un arma de doble filo" por sus riesgos para la seguridad y la ética, y el consejero delegado de Microsoft, Satya Nadella, reclamó que se ponga en marcha una normativa común a nivel global que regule la herramienta, impulsando su desarrollo y controlando sus posibles efectos negativos.

Tan crucial es el debate sobre la inteligencia artificial que incluso el entonces Papa Francisco envió un mensaje al Foro de Davos para advertir sobre sus implicaciones. "A diferencia de muchas invenciones humanas, la IA alcanza una destreza y velocidad que pueden igualar o superar a la mente que la creó", señaló. En uno de sus últimos mensajes antes de fallecer en abril de ese año, el Papa advirtió contra el "paradigma tecnocrático", que cree que todo puede resolverse solo con tecnología. Reclamó que la dignidad humana nunca debe sacrificarse por eficiencia, y que el verdadero progreso es aquel que reduce desigualdades y mejora la vida de todos. "La inteligencia artificial —dijo— debe estar al servicio de un desarrollo más humano, social e integral".

Después de escuchar las intervenciones de líderes mundiales, presidentes y gigantes tecnológicos, el Foro Económico Mundial

2025 lanzó una advertencia clara: la inteligencia artificial será una fuerza transformadora imparable hacia 2030.

En su informe final, el Foro prevé la creación de 78 millones de empleos globales —11 millones solo en tecnología e información— pero también el desplazamiento de 9 millones. El acceso digital se expandirá al 60% de las empresas y habrá una urgente necesidad de nuevas habilidades: IA y Big Data (100%), pensamiento creativo (75%), resiliencia y agilidad (79%), aprendizaje continuo (75%) y liderazgo social (69%). La transición verde traerá nuevos roles, como ingenieros en energías renovables y expertos en vehículos eléctricos. Y además, el 59% de los trabajadores necesitarán capacitación, especialmente en pensamiento analítico, resiliencia y alfabetización en IA.[22]

Sin duda, somos otros. Y lo somos, con el impulso decisivo de la inteligencia artificial.

En pocas palabras

- El escenario de cambio que provocó la pandemia creó un entorno que favoreció el desarrollo de la IA e impulsó su velocidad de adopción al acelerar la transición al trabajo remoto y la educación en línea y aumentar la demanda de herramientas para el aprendizaje, el entretenimiento y el apoyo al trabajo. ChatGPT, el chatbot basado en IA de OpenAI, se convirtió en la aplicación de mayor velocidad de adopción de todos los tiempos.

22. World Economic Forum. *The Future of Jobs Report 2025*. World Economic Forum, enero de 2025, Disponible en: <https://www.weforum.org/publications/the-future-of-jobs-report-2025/>. Accedido el 12 de mayo de 2025.

- También las empresas e instituciones, al tener que adoptar soluciones digitales a un ritmo sin precedentes, crearon un entorno fértil para que prosperaran las tecnologías de IA que se vieron impulsadas a incorporar rápidamente para satisfacer las cambiantes necesidades de consumidores y negocios.
- La incorporación de la IA en muchos procesos científicos e industriales conllevará un desplazamiento de trabajadores que representará un desafío para las empresas y las sociedades que tendrán que reentrenarlos y reubicarlos. Solo Europa podría requerir hasta 12 millones de transiciones laborales para 2030 (el doble de la tasa previa a la pandemia).

Capítulo 8

La generación P, de *pandemials*

Siempre que hablamos de una generación nos referimos a un grupo de personas con la misma edad o que comparten una característica común entre sí, por ejemplo, los *baby boomers*. Estos son aquellos nacidos después de la Segunda Guerra Mundial y hasta mediados de los años 60 y que, tras la devastación de la guerra, representaron la nueva esperanza demográfica y repoblaron el mundo con la ilusión de un mejor mañana. Yo soy uno de ellos, cerrando una generación y entrando en la otra.

Las generaciones suelen medirse por periodos de unas dos décadas y se las caracteriza por ser portadoras del sentido de una época. No sé si lo han visto o leído, pero muchos de los que sobrevivieron a la guerra, como es natural, fueron muy contenidos en sus gastos, al punto de que se les decía avaros, pero ellos lo explicaban como una manera de cuidar lo poco que tenían frente al temor de que pudieran perderlo todo en cualquier momento. En contraste, la siguiente generación, sus hijos, se lanzaron a un consumismo desbocado tratando de resarcir las privaciones de sus padres. A partir los años 80, sin embargo, las generaciones dejaron de medirse por periodos de tiempo y empezarían a definirse a partir del momento tecnológico que les tocó vivir.

De generación en generación

Si hablamos de la generación X (los nacidos de 1965 a 1980) podemos decir, sin temor a equivocarnos, que se trata de la última generación que conoció un mundo analógico y la que empezó a descubrir y usar la computadora, esa Macintosh del 84 cuya publicidad se volvió uno de los comerciales más famosos de la historia al pintar el mundo orwelliano del Big Brother. A esta le siguió la *millennial* o generación Y (de 1981 a 1995), hijos de los *baby boomers* y compuesta por todos aquellos que se volvieron adultos con el cambio de milenio, y que son reconocidos como la primera generación nativa digital. Luego, viene la *zoomer* o generación Z (de 1997 a 2012), todos nativos digitales —también conocidos como la generación C, de conectada— y, finalmente, la Alfa, los nacidos a partir del 2010, hijos de las redes sociales.

En la suma de los tiempos y si la historia hubiera seguido su curso normal, tendríamos que haber empezado a vivir una nueva generación en 2030. Sin embargo, se nos atravesó el *unknown* y modificó el paisaje sin preguntarnos si estábamos de acuerdo y allí —por cuenta de todo lo que conllevó ese endemoniado 2020— se reconfiguró una nueva generación, los *pandemials*, hijos también de las redes sociales, pero a los que se les sumó un aislamiento global inesperado con todo el poder de su efecto incertidumbre. Aunque es una generación que aún se está moldeando pues los efectos de largo plazo del aislamiento sobre ella aún no se conocen totalmente, ya tiene unas características que permiten agruparla y definirla como diferente de las que la antecedieron.

Los *pandemials* emergen

Aunque el confinamiento nos afectó a todos, sin importar origen, lugar o edad, lo cierto es que la mayoría fuimos capaces de sobrevivir el cambio que se nos impuso. Nos adaptamos a una nueva realidad, flexibilizamos las rutinas que habíamos construido, y nos volvimos resilientes, como lo hemos mencionado en capítulos anteriores.

Sin embargo, lo que caracteriza a esta generación P, de "pandemia", es que quienes son parte de ella, principalmente niños y jóvenes —los Alfa—, vivieron una realidad incomparable a cualquier otra época pasada porque, a diferencia de lo que hemos vivido en generaciones anteriores, estos niños y adolescentes no tuvieron una inmersión en el mundo social antes del aislamiento. Me lo confirmó la doctora Roca, quien lo ha visto en su experiencia como subdirectora del Departamento de Neurosicología del Instituto de Neurología Cognitiva (INECO) en Argentina: "Estos jóvenes vivieron sus primeras experiencias de socialización a través de las pantallas y, obviamente, cuando tus primeras experiencias —ya sean laborales, universitarias o escolares— están teñidas por una situación particular tan determinante, eso tiene un gran impacto". Una singularidad que, entendiéndola en todas sus dimensiones, nos permitiría quizás comprender mejor a los jóvenes de hoy.

Hablaba sobre esto también con el doctor Michael Ungar, el experto canadiense en resiliencia, y me explicaba que aquellos adolescentes que no pudieron culminar presencialmente sus estudios por el confinamiento y se graduaron por Zoom, o esos niños que empezaron la escuela a través de una pantalla y durante meses no pudieron interactuar con quienes se volverían sus amiguitos, crecieron de una manera diferente. La pandemia los hizo otros, distintos de quienes estuvimos acompañados en esos dos importantes rituales iniciáticos, en los que pudimos tener contacto los unos con los otros, compartir nuestras emociones y embriagarnos de alegría, juntos, en manada.

A esta nueva generación P, en cambio, le tocó vivir el pánico del mundo exterior sin haber tenido la oportunidad de conocerlo sin las restricciones y el estrés del confinamiento, y creció tragándose los miedos de los otros, principalmente, los de sus padres. Para empezar, a estos chicos les dijeron que eran peligrosos y que por eso no podían volver a la escuela, porque representaban una amenaza los unos para los otros. Y, peor aún, les cargaron la responsabilidad de la muerte de sus mayores con frases como "puedes contagiar a los abuelos y los puedes matar, por eso no puedes verlos". El doctor Ungar me lo dijo con crudeza: "Salvamos a nuestros viejos de la muerte a costa de la salud mental de nuestros jóvenes, y estamos pagando el precio de esa decisión". Así de contundente.

Sin contacto físico

Aislados a la fuerza, a estos chicos la paranoia y el terror se les pegó en la piel al ver esas imágenes de hombres vestidos de pies a cabeza en trajes de plástico rociando con alcohol un virus con nombre de código, uno que mataba y al que había que derrotar a riesgo de contagio. Encerrados, tuvieron que comerse la ansiedad que se respiraba por doquier (no por nada es la condición mental más frecuente en este momento) y, atragantados con sus miedos y soledades, muchos llegaron a preguntarse si la vida realmente era eso que estaban experimentando.

Y las respuestas que les dieron no les ayudaron porque realmente nadie tenía una respuesta… Todos actuábamos a base de ensayo y error. Quienes cerraron las escuelas lo hicieron porque creían que era lo mejor para detener el contagio. Hoy, cinco años más tarde, después de ver los efectos que ese aislamiento causó en toda una generación, muchos consideran que esa no fue una buena decisión. Es fácil juzgar hoy, pero en aquel entonces, era imposible determinarlo.

La pandemia forzó a los *pandemials* a entrar a la vida social, a la escuela y a la adolescencia, desde una especie de *twilight zone,* una zona de penumbra con tintes de depresión y trauma, en la cual prácticamente todo se configuraba detrás de la pantalla. Es como si se hubiera cumplido el sueño más maquiavélico de los creadores de las redes sociales, Zuckerberg & Co, de construir un mundo en donde todos los habitantes solo pueden comunicarse entre sí mediados por una pantalla…

Persiguiendo la ilusión de la compañía y obsesionados con la aprobación de un *like*, esta generación individualista a la fuerza al haber sido obligada a resolver sus cosas sin la compañía de un par, paradójicamente, lo único que necesitaría es algo de calidez para reconectar. "Deberíamos darles cariño, estar repartiendo abrazos", me dijo el doctor Ungar abriendo sus brazos desde Canadá, tratando de ilustrar cómo tenderles una mano a estos chicos.

Por cuenta del aislamiento, lo físico perdió su carácter determinante y la vida pasó a ser una realidad virtual… Lo que no sospechamos es que, cinco años después, continuara siendo así. De hecho, una gran cantidad de niños y jóvenes todavía no han podido reconectar con sus compañeros y amigos. Es como si hubieran perdido el gusto por el contacto con el otro, o no supieran ya cómo activarlo. Basta ver a dos *pandemials* sentados uno frente al otro para identificar que son seres a los que les cuesta verse a los ojos y que se sienten más seguros mirándose a través de las pantallas de sus móviles, chateando con códigos preestablecidos a través de emoticones que reemplazan las emociones y hablan por sí mismos.

Con un agravante adicional del que me hizo caer en cuenta la doctora Laurie Santos, la muy exitosa psicóloga, profesora de Yale y directora de *The Happiness Lab Podcast*, cuando nos vimos en Miami en medio de una conferencia donde hablaba sobre la felicidad, su especialidad, y en donde nos reunimos 50 ejecutivos con ella como conferencista invitada. Según el *World Happiness Report,* "estamos viendo que la gente joven después de la pandemia está definitivamente menos feliz de lo que solía ser en otras épocas (...) El tipo de crisis de salud mental que estamos viendo actualmente en los jóvenes podría persistir durante mucho tiempo, en las generaciones mayores, a medida que los jóvenes de hoy envejecen".[1] Y las cosas se agravan si, como me lo decía la doctora Roca, "al impacto que tuvo la pandemia en nuestra salud mental, le sumamos otros factores de riesgo como el uso no saludable de las nuevas tecnologías que surgieron".

Globalmente conectados

Por cuenta de la tremenda incomunicación que vivimos durante esos meses de encierro que se sintieron como años, nos surgió una necesidad que venía pidiendo espacio desde hacía rato: la conexión. Al vernos atrapados entre cuatro paredes, y con la tecnología de nuestro lado, durante los días del covid buscamos encontrarnos en el único lugar en donde no había prohibiciones: la red.

Conectarnos fue nuestra manera de mantener proximidad con los otros y con la realidad. Para los *pandemials*, además, fue su

1. Helliwell, John F., *et al.*, editores. *World Happiness Report 2024*. Wellbeing Research Centre, University of Oxford, marzo de 2024. Disponible en: <https://worldhappiness.report/ed/2024/>. Accedido el 12 de mayo de 2025.

válvula de escape frente a la incomprensión de lo que estaba ocurriéndoles. Allí empatizaron con otros que sentían la misma desazón y, conectados, lograron sumergirse en realidades paralelas que les permitieron alejarse y, de algún modo, protegerse de esa crisis planetaria que todos estábamos viviendo, densa e incomprensible. A falta de parques, plazas, salones de clase o salidas con amigos, allí lograron inventarse una forma de vivir la niñez y la adolescencia. De reír y compartir.

Por ello no debe sorprendernos que una aplicación como TikTok —la preferida por esta generación— llegara a comienzos de 2025 a los 1590 millones de usuarios,[2] que el 53% de los jóvenes entre 18 y 25 años reconozca haber utilizado alguna aplicación de citas[3] y que el "típico" usuario global de internet pase 6 horas y 40 minutos conectado (más de 9 horas en Brasil y Suráfrica), es decir, casi el mismo tiempo que dedicamos a dormir o trabajar.[4]

Parece que estamos depositando en el mundo digital todo nuestro universo —afectivo, de bienestar, de entretenimiento— y es allí donde toda una generación está aprendiendo a relacionarse bajo unos parámetros que ya existían, pero que la pandemia convirtió en moneda corriente. Sin poner el pellejo en riesgo ante la amenaza del contagio latente, la pantalla se convirtió en el ágora de muchos,

2. Kemp, Simon. "Essential TikTok Stats". *DataReportal*, enero de 2025. Disponible en: <https://datareportal.com/essential-tiktok-stats>. Accedido el 12 de mayo de 2025.

3. Pew Research Center. "Key Findings About Online Dating in the U.S". *Pew Research Center*, 2 de febrero de 2023. Disponible en: <https://www.pewresearch.org/short-reads/2023/02/02/key-findings-about-online-dating-in-the-u-s/>. Accedido el 12 de mayo de 2025.

4. Kemp, Simon. "Digital 2025: The World Is Ever More Connected". *DataReportal*, marzo de 2025. Disponible en:< https://datareportal.com/reports/digital-2025-sub-section-ever-more-connected>. Accedido el 12 de mayo de 2025.

en el espacio ideal para elevar las más diversas causas. De los feminismos a la lucha antirracista, la política en todas sus expresiones y el medio ambiente.

Al ver su futuro amenazado por un riesgo real y palpable, los más jóvenes se han tomado en serio como nunca la bandera de su cuidado y el de su entorno, con la claridad de que ya no se trata de lanzar alarmas por un futuro incierto de destrucción medioambiental, sino de actuar para frenar un calentamiento global que ya es imposible reversar pero que aún podemos detener. Frente al sin salida que vemos frente a nuestros ojos, es inspirador que tantos niños y adolescentes del mundo, justamente la generación P, sean ejemplo de la más impresionante educación y compromiso ambiental jamás vividos en la historia. ¿Cuáles serán las Greta Thunberg de esta generación P que lograrán sacudir al mundo y cambiar el rumbo de las cosas? Cinco años después de la pandemia, esto aún está por verse.

El impacto del aislamiento

El covid nos tocó a todos, aunque no de la misma manera. Y en pospandemia, es evidente que las consecuencias fueron diferentes para cada persona. Para quienes, como yo, crecimos acostumbrados al contacto uno a uno, fue muy duro hacer el switch tecnológico a estar *online* todo el tiempo. Sin embargo, muchos —empezando por mí— nos fuimos adaptando poco a poco hasta hacerlo parte de nuestra vida diaria y aprender a distinguir lo mejor y lo peor de cada mundo.

Paradójicamente, para los llamados nativos digitales es quizás para quienes la pandemia se convirtió en un reto más difícil de sobrellevar. A pesar de ser una generación que nació cuando ya el mundo se percibía detrás de una pantalla, una cosa es hacerlo por gusto propio y otra por obligación. Sobre las consecuencias que tuvieron en miles de jóvenes el encierro, la sobrexposición a las pantallas y el traslado de actividades y momentos vitales de la vida real al mundo *online* se han realizado en estos años subsiguientes numerosos estudios cuyas conclusiones han resultado devastadoras.

Uno de ellos es el de la doctora Dani Dumitriu, del *Morgan Stanley Children's Hospital*, en Nueva York, quien ha estado recogiendo información de desarrollo infantil desde 2017 para analizar las habilidades motoras de niños desde que nacen hasta los seis meses. Su trabajo ha sido continuo y no fue interrumpido durante la pandemia. Según la investigadora, citada en la tradicional revista de divulgación científica *Scientific American* (existe desde ¡1845!), en el artículo "The Pandemic Generation" de abril de 2022, los niños nacidos en pandemia obtuvieron, en promedio, peores resultados en pruebas de habilidad motora básica y fina, sin importar si sus padres se habían contagiado con el virus o no.[5]

Esto puede explicarse de varias maneras. Por un lado, los datos dicen que el estrés generado por la pandemia pudo influir en el embarazo afectando a los nacidos, lo cual solo se podrá comprobar en los próximos años. Pero por el otro, se cree que la interacción de padres y cuidadores durante ese periodo pudo haber sido menor o diferente —con esa ansiedad e incertidumbre, cómo no—, lo cual afectó física y mentalmente a los pequeños. Y, por último, un dato del estudio que me resultó revelador fue que, al no tener contacto social, los niños empezaron su vida con un rango de palabras muy limitado, así como con poquísimo contacto

5. Dumitriu, Dani. "The Pandemic Generation". *Scientific American*, abril de 2022. Disponible en: <https://www.scientificamerican.com/article/the-pandemic-generation/>. Accedido el 12 de mayo de 2025.

físico con otros niños, generando impactos muy concretos en sus habilidades motoras.

Quienes hemos sido padres sabemos lo importante que fue para nuestros hijos jugar con otros niños, correr, incluso caerse... Eso les desarrolló habilidades y fortalezas. ¿Pero qué pasa si, de repente, los chiquitos se quedan encerrados y deben entretenerse con ellos mismos y una tableta? Por eso, los hallazgos de la doctora Dumitriu no me sorprenden en lo más mínimo.

Para mí ha sido fascinante tratar de entender qué fue lo que nos pasó en estos años. Además, ver por qué a unos niños les ha impactado más la pandemia que a otros. Por ejemplo, leyendo artículos y viendo informes en la prensa, encontré que aquellos que en 2020 tenían entre 7 y 9 años (es decir, los que en 2025 tienen entre 12 y 14) han mostrado mayores impactos psicológicos que los más pequeños y los más grandes que ellos.[6] La explicación de los especialistas es que estos niños estaban atrapados, pues eran demasiado grandes para no entender que había un mundo distinto antes del covid, y demasiado chiquitos para poder expresar con suficiente claridad que algo extraño, con lo que no se sentían cómodos, estaba pasando. Esa franja de niños, entrando en la preadolescencia, está siendo muy estudiada y atendida por estar padeciendo problemas emocionales que antes no eran tan recurrentes en estas edades.

De hecho, como lo veíamos con Lina Zuluaga, la experta en educación con quien hablamos y a quien citamos en capítulos anteriores, "esta generación tiene algunos problemas, pero no solo por la pandemia. Como nacieron en la era digital y lo digital tiene

6. Schmid, Julia, *et al.* "Trajectories of Mental Health in Children and Adolescents during the COVID-19 Pandemic: A Longitudinal Population-Based Study". *Child and Adolescent Psychiatry and Mental Health*, vol. 18, n.° 1, 2024, p. 27. Disponible en: <https://capmh.biomedcentral.com/articles/10.1186/s13034-024-00776-2>. Accedido el 12 de mayo de 2025.

estructurada esa gratificación instantánea que son los *likes* en las redes, que en el cerebro enganchan tan rápido, si no tienen un momento de lectura o de alguna actividad en la que desde chiquitos estén concentrados una o dos horas, se puede afectar el desarrollo de la función ejecutiva del cerebro".

Era lo que veíamos anteriormente con Laurie Santos y la actitud pasiva o activa con las redes sociales. Ambas están directamente relacionadas con la infelicidad o felicidad que se siente al recibir un estímulo. Algo que muchos vivimos a diario, como recibir un mensaje de WhatsApp y responderlo no de inmediato sino tiempo después, para los más pequeños es dramático, pues se imaginan que los están rechazando. El "¡me dejó en visto!" es una expresión común que encierra un alto contenido emocional de frustración.

De hecho, el propio doctor Ungar está viendo que lo que hoy los más jóvenes llaman trauma y que los está llevando a consulta con diagnósticos de depresión, muchas veces no se compadece con lo que realmente es una pérdida o un hecho traumático. Lo que pasa es que muchos de estos jóvenes no tienen herramientas para afrontar la frustración y, ante cualquier obstáculo, sienten como si el mundo se les fuera a acabar. "Y me preocupa un poco que, si todo es traumático, el mensaje que nos queda es que somos débiles y vulnerables y no tenemos capacidad para afrontarlo", cierra.

Quizá por ello, también han salido quienes dicen que estos momentos inesperados del mundo no son nuevos y, justamente por ello, debemos mirar al pasado y entender que saldremos adelante. Es el caso de Glen H. Elder Jr., profesor de Sociología de la Universidad de North Carolina y autor del libro *Children of the Great Depression*,[7] citado en un muy interesante informe de CNN en marzo

7. Elder, Glen H. Jr. *Children of the Great Depression: Social Change in Life Experience*. University of Chicago Press, 1974.

de 2021, en donde se comparan la crisis de 1929 y la pandemia de 2020.[8] El autor explica que mientras los niños mayores que vivieron la Depresión encontraron trabajos y pudieron sobrellevarlos bien por cuenta de la resiliencia adquirida, los más pequeños se quedaron encerrados en sus casas padeciendo de manera directa la frustración de sus padres, víctimas de la crisis económica. Ello hizo que, incluso ya adultos, tuvieran ese miedo a la incertidumbre anclado en ellos. El paralelo con la pandemia es evidente.

No obstante, continua el profesor Elder, estar expuesto a un cambio social trascendental no necesariamente marca el resto de la vida "pues aquello que venga después, podría incluso jugar un papel más importante que el mismo evento inicial", y lo ejemplificaba diciendo que muchos de esos niños de la Gran Depresión, aunque sufrieron en sus primeros años, luego fueron destacados militares durante la Guerra de Corea. "Su servicio militar fue destacable, y esto tuvo mucho que ver con el hecho de que habían lidiado con eventos muy difíciles que les hizo ver que tenían herramientas con las cuales manejar situaciones complejas".

¿Una generación perdida?

De todos modos, el verdadero impacto que tuvo la pandemia en estos niños solo lo podremos determinar dentro de unos años. Por ahora, posiblemente habrán oído sobre lo que ya se conoce como la "Generación Perdida del covid". En un informe especial de *Sunday Morning* que vi en la cadena de televisión CBS, en marzo de 2023, se

8. Shoichet, Catherine E. "Meet Gen C, the Covid Generation". CNN, 11 de marzo de 2021. Disponible en: <https://edition.cnn.com/2021/03/11/us/covid-generation-gen-c/index.html>. Accedido el 12 de mayo de 2025.

decía que la crisis educativa era tal que los niños entre los 9 y los 14 años (del grado 4° al 8°) habían tenido los peores desempeños educativos, ¡desde 1969! A esto se sumaba el aumento de la violencia entre ellos y, por supuesto, se asociaba con lo que podríamos llamar una "pandemia psicológica" entre los adolescentes.[9]

Aproveché entonces para preguntarle al doctor Ungar por estos comportamientos, pues uno de sus famosos libros analiza el rol de los "chicos malos" (*Playing at Being Bad: The Hidden Resilience of Troubled Teens*),[10] y me resonó mucho lo que me contó. Decía que, en esa desesperación por pertenecer a algo, a un grupo o a una comunidad, muchas veces los chicos terminan acercándose a quienes los acogen sin preguntas y les ofrecen una plataforma para sobresalir. ¿Quiénes son estos chicos y quiénes les dan la bienvenida? Algunos son producto de una sociedad que tiene una noción de éxito completamente mediada por la economía y el poder, pero también, muchos otros son hijos del maltrato, estos sí verdaderamente traumatizados y llenos de rabia por no recibir suficiente ayuda o escucha… Y acá, no puedo más que recordar *Succession*, la serie vista por millones de televidentes de todo el mundo en que se retratan descarnadamente las depravadas relaciones al interior de una familia rica movida solo por la ambición y el dinero.

A muchos, quienes los escuchan son quienes quieren capitalizar esa rabia. "Puedes entrar en un grupo en busca de una identidad poderosa", me explicaba Ungar. "Sientes que no tienes otras opciones y entonces juegas a ser malo. Adoptas lo negativo como una fuente

9. Smith, Tracy, corresponsal. *"La crisis educativa por el COVID: ¿Una generación perdida?". CBS News Sunday Morning*, CBS News, 19 de marzo de 2023. Disponible en: <https://www.cbsnews.com/news/covids-education-crisis-a-lost-generation/>. Accedido el 13 de mayo de 2025.

10. Ungar, Michael. *Playing at Being Bad: The Hidden Resilience of Troubled Teens*. McClelland & Stewart, 2002.

para generar los mismos factores que asociamos con la resiliencia: la autoeficacia, la identidad positiva, la seguridad. Alguien que te aprecia por tus habilidades te brinda una oportunidad para usar tus talentos, entablar relaciones sociales, todas estas cosas que, si no le doy a un chico una salida positiva para encontrarlas, las buscará de manera negativa".

No es casual que los discursos incendiarios de los gobernantes populistas estén polarizando el mundo, o que los extremos políticos estén ganando terreno. Hay un clima pospandemia que, movido desde las frágiles economías que quedaron golpeadas por la crisis sanitaria, es un caldo de cultivo para promover los discursos de odio.

Justamente, me topé con *Sectarización en las plataformas: la influencia digital de la ultraderecha durante la pandemia, un estudio de 2021*, de la profesora y periodista española Miren Gutiérrez, que analizaba el tema. "Las plataformas digitales, que permiten la comunicación masiva e instantánea, han permitido la magnificación del alcance de los mensajes de la ultraderecha, favorecido la constitución de nuevos grupos y contribuido a la radicalización de sus proponentes. Las plataformas ofrecen oportunidades para que las personas con sensibilidades de ultraderecha se encuentren, se reconozcan y se unan y para que sus grupos recluten nuevos miembros, se promocionen y organicen para la acción, a la vez que los van encerrando en burbujas ideológicas con poco contacto con la realidad de los hechos y otras opiniones. Las plataformas sectarizan", afirma.[11]

Leonhard, el futurólogo, me insistió sobre un grupo etario en particular: los que tenían 20 años en 2020. A estos chicos muchas

11. Gutiérrez, Miren. "Sectarización en las plataformas: La influencia digital de la ultraderecha durante la pandemia". *Anuario CEIPAZ*, vol. 14, 2021, pp. 159-176.

ilusiones se les han esfumado y no hacen más que preguntarse por ese futuro tan cargado de incertidumbres, tan *unknown*. Con este panorama, no me sorprende que tantos sientan que lo que se les viene está cubierto de nubarrones negros y tengan tan pocos motivos para estar felices.

Esto me lo hizo ver con claridad la socióloga y profesora de Estudios Americanos en Harvard, Michèlle Lamont, autora de *Seeing Others: How Recognition Works and How It Can Heal a Divided World*,[12] a quien busqué a finales del 2023, cuando me encontraba desarrollando este tema. Michèlle no tiene dudas al respecto y me lo dejó claro cuando arrancó la conversación: "Los chicos de la generación Z y las que le siguen ya no creen en el sueño americano. Sienten firmemente que su generación nunca podrá comprar una casa o que es poco probable que tengan hijos y muchos de ellos no quieren tenerlos debido al cambio climático global, por lo que esta generación es mucho más propensa a esperar. Es un hecho que su vida no se parecerá en nada a la vida de sus padres". Realmente, son otros.

El impacto sobre la salud mental

En medio de este panorama, una de las consecuencias más preocupantes de la pandemia son las implicaciones que produjo el encierro en la salud mental de los jóvenes. Han salido innumerables estudios al respecto, entre ellos los que ha publicado la base de datos científica *ScienceDirect*. Justamente, uno virtual realizado en 2020, coordinado por el doctor Jeff Temple, del *Center for Violence*

12. Lamont, Michèle. *Seeing Others: How Recognition Works—and How It Can Heal a Divided World*. Atria Books, 2023.

Prevention de Texas, permitió visualizar un aumento en el deterioro emocional de muchos jóvenes a causa del aislamiento social, la soledad, el estrés, los conflictos familiares y la incierta situación económica. Los investigadores lo pudieron constatar debido a que en 2018 ya habían realizado estudios a más de tres mil jóvenes de las mismas características.[13]

Me sorprendió que ni siquiera las sociedades que suelen ser consideradas más privilegiadas y que vivieron un confinamiento mucho más moderado, como la suiza, se salvaron de la crisis que atravesó el mundo juvenil. En tales estudios, los psicólogos y psiquiatras de múltiples centros de investigación en el mundo señalaron que en sus niños y jóvenes, en comparación con los tiempos prepandémicos, se habían disparado la depresión, los desórdenes de ansiedad y psicosomáticos, las intervenciones, los pensamientos suicidas y los comportamientos adictivos.

Estos datos me los corroboró la doctora Oriel FeldmanHall, la neurocientífica de la prestigiosa Universidad de Brown, quien lo primero que me dijo es que, efectivamente, la percepción que tienen los terapeutas se corresponde con los datos que se están recogiendo en numerosas investigaciones científicas.

"Alrededor del 50% de nuestros sujetos investigados ahora reporta ansiedad, que puede haberse originado por las órdenes de quedarse en casa y el aislamiento, así como por esa prohibición de no poder acercarnos a las personas que nos escuchan. Al ser los humanos personas sociales, gran parte de nuestra resiliencia y de nuestra protección contra la incertidumbre o los eventos negativos

13. Wickens, Corrie M., *et al.* "The Impact of the COVID-19 Pandemic on Adolescent Mental Health and Substance Use". *Journal of Adolescent Health*, vol. 71, n.° 5, 2022, pp. 636-640. *PubMed*, <https://pubmed.ncbi.nlm.nih.gov/35988951/>.

que suceden en nuestro mundo provienen de vincularnos con otras personas y de contar con su apoyo. Hay realmente una necesidad de poder relacionarnos e interactuar con la gente, tocarla, hablar con ella cara a cara, más allá del Zoom. Esto ha demostrado ser un capítulo muy difícil para muchos individuos que, tal y como lo estamos viendo ahora en el espacio de la salud mental, tiene implicaciones duraderas", me explicaba con gran intranquilidad.

Esto que me dijo se contrapone con la idea misma de habernos refugiado en las redes para sentirnos menos solos. La doctora FeldmanHall fue muy enfática al manifestarme que estaba realmente preocupada por la socialización que se está viviendo a través de las redes sociales, particularmente entre los adolescentes. "¿Qué pasa cuando este contar con el otro no resulta tan claro?", me sugería, y me ponía un ejemplo concreto con Snapchat, la plataforma que permite enviar mensajes multimedia que se borran al instante.

Me explicaba que dado que allí se puede ver en todo momento dónde están tus amigos, se crea una percepción de comunidad que podía llegar a ser falsa o peligrosa pues ¿qué pasa si ves que todos están, por ejemplo, en una fiesta en donde no estás invitado? "Básicamente, puedes ser excluido en tiempo real y, si se pasa mucho tiempo sintiéndose intencionalmente excluido de los eventos sociales, la soledad percibida es una amenaza real para la salud mental". Un escenario común en estos tiempos, que puede resultar demoledor.

La cultura de la cancelación

Cuando me habló de esto, se me vino a la cabeza uno de los fenómenos que más han crecido en los últimos años: la llamada "cultura de la cancelación". Cancelar a alguien es aislarlo, es rechazarlo públicamente, apartarlo y hacerlo además masivamente. Al cancelado se le castiga con el peso y enormidad de la escala digital. Por supuesto, esto puede generar en la víctima estrés y ansiedad, depresión y aislamiento. Y, sobre todo, producir un temor colectivo de ser víctima de ese mecanismo de anulación en algún momento.

Esto puede tener secuelas a largo plazo si le añadimos que nuestro cerebro sigue madurando casi hasta los 25 años, así que estos estímulos y miedos o ansiedades tienen un gran impacto en los más jóvenes, pues están actuando en cabezas inmaduras que no tienen todavía ni el discernimiento ni las herramientas para lidiar con un sentimiento como es la exclusión.

De hecho, para FeldmanHall lo que se está formando en el cerebro con la conexión sin freno es un estado permanente de *shots* de placer cargados de adrenalina y excitación, que compara con lo que la cocaína u otra droga producirían: una inyección de energía que te sube al infinito, para hacerte caer luego al infierno. "Se siente bien, y especialmente bien, si no hay nada más que pueda contrarrestar el estímulo, que es como opera la corteza prefrontal del cerebro. Este estímulo está siendo impulsado por los *likes* de las redes sociales o las emociones que te producen un hit de tres segundos en Instagram o TikTok … Pero esto no te ayuda a fomentar relaciones de largo plazo, más duraderas y más sólidas y que toman tiempo, en donde simplemente te sientas frente a alguien y tienes que escucharlo…".

El experimento de estar *online* 24/7, sin duda, nos llevó a todos a extrañar el contacto humano. Y si a nosotros, los más grandes, nos fue difícil la falta de contacto, para los más jóvenes resultó aún más difícil. Porque si bien esta es una generación conectada, nativa digital y con una relación con las pantallas completamente distinta a la nuestra y que podríamos definir de simbiótica, el severo aislamiento social los privó de algo que nosotros ya teníamos asimilado e incorporado que es el valor de la cercanía y el contacto para establecer relaciones. Y si para las generaciones mayores los temas relacionados con la salud y las finanzas fueron los que más estrés nos produjeron en la cotidianidad, para los más jóvenes son el aislamiento social y la soledad que, acelerados por la pandemia e intensificados por la vida a través de las pantallas, los están convirtiendo en otros.

En pocas palabras

- La generación del covid, los *pandemials*, son hijos de las redes sociales a los que se les sumó un aislamiento global inesperado que los hizo individualistas a la fuerza, vivieron sus primeras experiencias de socialización a través de las pantallas y tienen estructurada una gratificación instantánea a través de los *likes*.
- El aislamiento social, la soledad, el estrés y los conflictos familiares han disparado la depresión, la ansiedad, los pensamientos suicidas y los comportamientos adictivos de esta generación, afectando seriamente su salud mental.
- Con las redes sociales ha surgido la llamada "cultura de la cancelación", por la cual se "cancela" a alguien al aislarlo, rechazarlo pública y masivamente, y castigarlo con el peso y enormidad de la escala digital.

Capítulo 9

En busca de la fidelidad perdida

"La lealtad y el valor de la marca han evolucionado en los últimos cinco años impulsados por fuerzas tecnológicas, culturales y económicas". Con estas contundentes palabras definió Walter Susini —uno de los mayores expertos en marcas del mundo, que ha trabajado con varias de las más emblemáticas— la gran transformación que ha tenido lugar tras la pandemia en la relación de los consumidores con sus marcas.

Consultor de McKinsey y uno de los más agudos analistas de la evolución del mercado y los consumidores, este profesor universitario que vive en Londres y viaja cada semana a su natal Milán para dar clase como profesor de Marketing en la SDA Bocconi School of Management, entre los múltiples trofeos de su hoja de vida cuenta con el de haber sido uno de los responsables de la revitalización de Coca-Cola a nivel global.

Reconocido por su profundo conocimiento del comportamiento de las marcas —lo cual comprobé durante nuestra conversación—, me explicó claramente cómo se produjo esta transformación que se inició cuando la necesidad se impuso sobre la lealtad. "La interrupción de la cadena de suministro significó que muchos consumidores no pudieran encontrar su producto habitual, lo cual los obligó a experimentar con alternativas… Y cuando la lealtad del consumidor se pone a prueba por necesidad, se abre más rápido a probar nuevas opciones y es más probable que se quede con ellas", me dijo.

Y es que, en ese universo infinito donde todo parece estar al alcance de un clic, los consumidores dejamos de ser receptores pasivos y nos convertimos en otros, en seres demandantes que buscamos marcas que estén a la altura de nuestras exigencias (en materia de calidad, honestidad, compromiso con la comunidad, sostenibilidad ambiental o lo que creamos deben representar) y que nos miren no como un mercado masivo sino como entes individuales y nos ofrezcan experiencias personalizadas que estén acordes con nuestros deseos y valores.

Las plataformas digitales —redes sociales, *streaming*, aplicaciones móviles, comercio electrónico, etc.— transformaron la manera en que interactuamos con el mundo. Hoy en día, cada uno de nosotros tiene el poder de elegir cómo se presenta ante los demás, con quién interactúa, lo que consume, cómo gestiona su tiempo… Tomamos el control y nos convertimos en actores empoderados.

Nunca la personalización del contenido había estado tan a la mano. Rastreando en los buscadores, los amantes de la ópera o de los libros de ciencia ficción, los motociclistas, los fans de Beyoncé o de la música country, los caminantes, los gourmets, los aficionados a los pájaros, y hasta los neuróticos, han podido encontrar su lugar.

La batalla por la lealtad

Esa disrupción que provocó la pandemia en el comportamiento del consumidor no tenía precedentes. Los cambios drásticos en los hábitos de compra, la adopción masiva del comercio electrónico y la creciente exigencia de conveniencia y valor trastocaron nuestras vidas y también las de las empresas, que se vieron obligadas a adaptarse rápidamente e innovar para encontrar nuevas formas de conectar con sus clientes y responder a las exigencias de ese nuevo consumidor.

Y las consecuencias no se hicieron esperar. Con el poder en sus manos —según lo comprobó un estudio de McKinsey—, tres de cada cuatro consumidores exploraron nuevas opciones de compra y más de uno de cada tres (el 39%) cambió de marca, especialmente entre los *millennials* y la generación Z.[1] La incertidumbre y la necesidad de adaptación redujeron las barreras para probar nuevas alternativas, desafiando a las marcas tradicionales a reinventarse para retener a sus clientes en un entorno de creciente competencia.

Hasta las empresas que creían tener el mercado en sus manos tuvieron que encaminar sus estrategias hacia un consumidor más individualizado y exigente. Indagando sobre el impacto de esta disrupción me encontré, por ejemplo, que Netflix —el gigante del *streaming* que llegó en el 2022 a los 222 millones de suscriptores— enfrentó después una fuerte pérdida de usuarios debido, entre otras razones, a la percepción de que sus recomendaciones algorítmicas no siempre satisfacían las necesidades individuales de los consumidores. Competidores como Disney+ y HBO Max ganaron terreno al ofrecer catálogos más segmentados o centrados en nichos específicos, como franquicias populares y contenido exclusivo.[2]

1. McKinsey & Company. "Emerging Consumer Trends in a Post COVID-19 World". *McKinsey & Company*, 2021. Disponible en: <https://www.mckinsey.com/capabilities/growth-marketing-and-sales/our-insights/emerging-consumer-trends-in-a-post-covid-19-world>. Accedido el 12 de mayo de 2025.

2. "Netflix: las razones detrás de la primera caída de suscriptores de la plataforma de *streaming* en 10 años". *BBC News Mundo*, 20 de abril de 2022.

En el lado opuesto de la moneda me encontré con el ejemplo de *Nike By You*, un genial servicio de la reconocida marca de ropa deportiva, a través del cual los consumidores pueden diseñar sus propios zapatos, creado para responder a esos clientes que buscan reflejar su identidad en lo que usan y que crecieron durante la pandemia. Nike capitalizó esta tendencia ofreciendo experiencias únicas, que no solo respondieron a la demanda de personalización, sino que fortalecieron la conexión emocional con la marca.[3]

Adicionalmente, la sensibilidad a los precios y la incertidumbre económica llevaron a muchos consumidores a priorizar la asequibilidad sobre la lealtad a la marca, especialmente en categorías donde la diferenciación es menos crítica, por ejemplo en las compras al por mayor. A ello se sumó que la adopción digital acelerada y el aumento de las compras en línea expuso a los consumidores a una gama más amplia de marcas que fueron optimizadas para el comercio electrónico, y también que —como lo hemos mencionado anteriormente— la pandemia desencadenó un cambio de prioridad en los valores. "Muchos consumidores empezaron a preferir marcas alineadas con la sostenibilidad, la práctica ética, la salud y el bienestar y esto significó en muchas ocasiones cambiar su antigua marca", reafirmó Susini.

Un elemento adicional fue la disponibilidad a través de las promociones, en las cuales las marcas más nuevas o retadoras aprovecharon el momento ofreciendo una promoción agresiva, una mejor experiencia digital o simplemente estar más disponibles que la titu-

---

Disponible en: <https://www.bbc.com/mundo/noticias-61162182>. Accedido el 12 de mayo de 2025.

3. Nike. "Nike By You". *Nike*. Disponible en: <https://www.nike.com/nl/en/nike-by-you>. Accedido el 13 de mayo de 2025.

lar. "Se trata claramente de un cambio significativo en el comportamiento del consumidor", enfatizó el milanés.

Un consumidor empoderado

El nuevo consumidor pospandemia es como un viajero que regresa a un mundo que le es familiar, pero con una perspectiva transformada. Es alguien que, tras redescubrir el valor del hogar, la familia y la reconexión consigo mismo, ahora quiere lo mejor de ambos mundos. Durante el confinamiento descubrió las comodidades del comercio digital, el valor de la personalización y la importancia de que las marcas estuvieran conectadas con sus valores personales a la hora de elegir dónde gastar, y ahora no solo busca productos, sino también experiencias, conexiones emocionales y sellos que comprendan su esencia.

Marcas como la mencionada *Nike By You* le dieron el poder de crear productos únicos, mientras que empresas como *Patagonia* han ganado su lealtad al demostrar un compromiso genuino con la sostenibilidad. Ese consumidor se inclina más por los pequeños cafés locales y auténticos que por las grandes cadenas y busca cuidarse más. Por eso plataformas como Calm y Peloton han captado su atención, aunque ahora saben que no basta con una primera impresión; la innovación constante es la clave. En este escenario, las marcas que logren equilibrar personalización, valores, experiencias memorables y facilidad de compra se perfilarán como las verdaderas ganadoras.

Tras este cambio, potenciado durante la pandemia, plataformas como Instagram, Facebook, YouTube y TikTok se han convertido en el socio por excelencia de las marcas al permitirles personalizar el contenido y conectar mejor con sus audiencias hasta conducirlas a la compra, lo cual ha dado lugar a un nuevo tipo de comercialización, conocido como "comercio social". En él, el proceso de compra y venta de productos se realiza directamente a través de las plataformas de las redes sociales, donde los usuarios pueden descubrir, explorar y realizar transacciones sin salir de la app, en la cual se integra todo el proceso, desde la visualización del producto hasta el pago. Adicionalmente, los usuarios pueden interactuar con las marcas y con otros consumidores a través de comentarios, *likes* y contenidos generados por el mismo usuario (UGC, *User Generated Content*), lo cual juega un papel clave en las decisiones de compra.

La dimensión de la revolución que esto ha representado para el comercio se puede percibir en las inimaginables cifras que ha alcanzado. En 2025 se estima que el mercado de comercio social en los Estados Unidos generará más de 90 mil millones de dólares en ingresos (el 17,11% del total de las ventas en línea) y las proyecciones indican que esta cifra aumentará en los siguientes cinco años hasta superar los 150 mil millones en 2029.[4]

Más allá de una nueva experiencia de compra, el comercio social representa un cambio de paradigma sobre cómo los consumidores interactúan con las marcas: dónde, cuándo y cómo compran. Y para las marcas representa una oportunidad para realizar con sus consumidores un viaje mucho más interactivo, entretenido y experiencial a través del cual forjan un nuevo tipo de relación que deja atrás las tradicionales campañas publicitarias para crear un contenido divertido y atractivo. Por ejemplo, en lugar de un anuncio sobre una nueva colección de ropa, una celebridad invita al consumidor a visitar su armario personal del cual escoge las prendas que usará para

4. "Social Commerce Statistics & Trends (2025): by Year". *Capital One Shopping*, abril de 2025. Disponible en: <https://capitaloneshopping.com/research/social-media-shopping-statistics/>. Accedido el 12 de mayo de 2025.

un día casual y le muestra cómo combinarlas, después de lo cual puede comprar el producto directamente dentro de la plataforma.

Esa innegable realidad de que sus clientes iban y venían fue precisamente lo que llevó a los empresarios a adquirir conciencia de la imperiosa necesidad de hacer un cambio de chip y de que, si pretendían alguna fidelidad con su marca, tendrían que ser innovadores —incluso disruptivos— y conocer a sus consumidores a fondo (algo que les está facilitando la IA) y conectarse con ellos como individuos.

Marcas como Lego lo entendieron bien. A través de Lego Ideas, una de las ramas del negocio, invitó a los amantes del juego a hacer propuestas que luego fueron adaptadas por la empresa. De allí surgieron el Lego con "La noche estrellada" de Van Gogh o la casa del popular angelito de "Home Alone", así como gatos, insectos y dragones, entre otros.[5]

Y como ella hay muchas. Interbrand, empresa mundial dedicada a la construcción de marcas desde hace más de cinco décadas y autora del reconocido reporte *Best Global Brands* que hace el ranking de las marcas más valiosas, listó en su informe *Breakthrough Brands* de 2023 las 30 marcas emergentes más disruptivas del mercado, premiando a OpenAI, como la más innovadora en primer lugar, y a la coreana Zepeto y la estadounidense Eight Sleep en el segundo y tercero.[6] Zepeto es una plataforma de avatares que las marcas

5. LEGO. "LEGO Ideas". *LEGO*, disponible en:< https://ideas.lego.com/>. Accedido el 13 de mayo de 2025.

6. Interbrand. "Interbrand lanza el informe Breakthrough Brands 2023 revelando las marcas emergentes que están revolucionando el mercado global". *Interbrand*, 27 de junio de 2023. Disponible en: <https://interbrand.com/newsroom/interbrand-launches-2023-breakthrough-brands-report-revealing-the-emerging-brands-disrupting-the-global-market/>. Accedido el 13 de mayo de 2025.

pueden usar, personalizándolos, para ofrecer sus propios productos (como lo hizo Zara con sus últimas colecciones), y Eight Sleep es un sistema inteligente para dormir que interpreta las condiciones del cuerpo. Su producto estrella, el Pod, incluye monitoreo del sueño (frecuencia cardíaca, etapas del sueño y calidad general) y detección de ronquidos con ajustes automáticos. Utiliza agua para calentar o enfriar la superficie de la cama y puede ser controlado mediante una aplicación. Pura tecnología personalizada al servicio de la mayor necesidad de la época: dormir.

Esta realidad ha traído como consecuencia un incremento feroz de la competencia en los mercados y que las empresas entiendan tanto el valor de la personalización como que, entre más cerca estén de sus consumidores, mayores serán los beneficios y ganancias obtenidos. Esta enconada competencia se debe en primer lugar —como lo dijimos anteriormente— a que la lealtad a la marca se ha erosionado, pero según Sunini, tiene que ver también con la abundancia de opciones, el aumento del comercio electrónico y el fácil acceso a productos de la competencia. En su opinión, adicionalmente, "las redes sociales y la transparencia digital han dado a los consumidores el poder de responsabilizar a las marcas por sus acciones. Por lo tanto, si se comete un error en los valores o en los mensajes, puede generar una gran reacción".

Un caso que recuerdo muy especialmente, por el impacto que tuvo, es el de la controvertida campaña que lanzó en 2022 la marca de ropa Balenciaga, en la que presentaba a niños sosteniendo osos de peluche vestidos con atuendos que muchos consideraron inapropiados y de connotaciones sexuales. Las imágenes fueron compartidas en diversas redes sociales, lo que provocó una reacción inmediata y negativa por parte del público. Las críticas se centraron en la aparente insensibilidad de la marca al utilizar imágenes que involucraban a menores en contextos controvertidos y fueron amplificadas en plataformas como Twitter (ahora X) e Instagram, donde usuarios y clientes expresaron su indignación y llamaron a boicotear la marca. Ante la creciente presión de estos actores empoderados que no perdonan una, Balenciaga tuvo que retirar las imágenes y emitir una disculpa pública.[7]

Este caso es una clara muestra de cómo el consumidor de hoy es altamente sensible y espera que las marcas no subestimen sus valores culturales y sociales. De ahí la importancia de que las empresas sean extremadamente cautelosas y conscientes de lo que piensa y siente el público al que se dirigen, a la hora de diseñar y difundir sus campañas. Con la capacidad de multiplicación exponencial de hoy, un solo error puede desencadenar una crisis de relaciones públicas, erosionar la confianza de los clientes y tener un impacto duradero en la reputación de las marcas.

El "yo" consumidor personalizado

Ese consumidor que está exigiendo productos individualizados hechos a su medida es simultáneamente un cliente en constante movimiento, en un entorno global que requiere ser interpretado. Esto lo ha entendido Amazon mejor que nadie con su diversa oferta de productos que lleva hasta el rincón más apartado del planeta. Me lo puntualizaba David Vélez, el CEO de Nubank, el banco digital más grande del mundo y del que ya hablamos, en una de las reveladoras conversaciones que sostuvimos: "Como dice Jeff Bezos, no se sabe

7. Cartner-Morley, Jess. "Balenciaga Apologises for Ads Featuring Bondage Bears and Child Abuse Papers". *The Guardian*, 29 de noviembre de 2022. Disponible en: <https://www.theguardian.com/fashion/2022/nov/29/balenciaga-apologises-for-ads-featuring-bondage-bears-and-child-abuse-papers>. Accedido el 13 de mayo de 2025.

si van a pasar 10 o 20 años, pero la gente va a querer cada vez más mejores productos a menor precio. Creo que la pandemia acortó los tiempos y ese actor empoderado, como dices tú, es mucho más exigente". Esa es la tendencia que ha generado la digitalización. Con certeza se puede decir que los consumidores esperan mejores servicios y productos a un costo menor.

Con estas nuevas plataformas y herramientas nos hemos convertido en consumidores milimétricamente estudiados y personalizados, al punto de que constantemente esperamos sentirnos "interpretados" por nuestros interlocutores, sean *influencers*, políticos, medios, cuentas de redes sociales o marcas. La personalización a la que ha llegado el contenido que consumimos ha alcanzado con la IA unos niveles de sofisticación tales que no es de sorprenderse que, apenas enunciado un deseo como, por ejemplo, ir al Himalaya, nos llegue al instante una oferta de viaje de una aerolínea a nuestra medida, incluido el hotel y todo el paquete que hace realidad nuestro sueño, a tan solo un clic.

Y aquí entramos en el poderoso terreno del marketing impulsado por la IA. Cuando usamos, por ejemplo, Netflix, Amazon o Spotify, estamos utilizando sofisticados sistemas de recomendaciones basados en IA que, a través de un algoritmo, analizan datos sobre nuestro historial de visualización, las calificaciones que damos a lo que hemos visto, y las búsquedas que hemos hecho, para ofrecernos una lista de contenidos adaptada a nuestros gustos y preferencias.

Es decir, cada vez que accedemos a alguna página o navegamos activamente por la red, estamos ofreciendo data que luego aprovecharán las marcas para comerciar con los deseos de quienes brindamos información cada vez que posteamos, ponemos *like* o buscamos algo. Lo que logró la aceleración tecnológica vivida en la pandemia y posteriormente la IA fue masificar y facilitar la recolección y el procesamiento de esa información. Lo que antes tenían que hacer ejércitos de personas escudriñando datos, hoy las máquinas lo procesan en cuestión de segundos y lo convierten en la base para definir los contenidos, formatos y caras que promocionarán un producto.

Analizar estos inmensos volúmenes de datos, les permite a las empresas predecir comportamientos futuros como nuestra probabilidad de abandono de una compra o la propensión a realizarla, lo cual constituye una valiosísima herramienta a la hora de diseñar estrategias más efectivas para retener clientes y aumentar ventas. Estudios como *Next in Personalization 2021 Report* de McKinsey ya lo preveían: "La pandemia de covid-19 y el auge de los comportamientos digitales han elevado las expectativas. El 71% de los consumidores espera que las empresas ofrezcan interacciones personalizadas y el 76%, es decir, tres de cada cuatro, se frustra cuando esto no sucede".[8]

En pocas palabras, se trata de utilizar la tecnología y aprovecharla como fórmula para maximizar los resultados, minimizar los riesgos y ganar. Todo esto está facilitando y revolucionando el desarrollo de contenidos, haciendo que la creación sea más rápida, personalizada y eficiente en diversos formatos y plataformas. Basta ver la velocidad con la que los bots de IA están afinando las respuestas que nos están dando. Emocionan por la "inteligencia" que muestran y su capacidad de conectar datos y fuentes evidenciando un desempeño que es simplemente insuperable... Por eso confieso que también me produce escalofrío entender el alcance de lo que ya

8. McKinsey & Company. "Social Commerce: The Future of How Consumers Interact with Brands". *McKinsey & Company*, 19 de octubre de 2022. Disponible en: <https://www.mckinsey.com/capabilities/growth-marketing-and-sales/our-insights/social-commerce-the-future-of-how-consumers-interact-with-brands>. Accedido el 13 de mayo de 2025.

está siendo y lo que vendrá. Pero, más allá del miedo, la capacidad y la velocidad de estas herramientas es sorprendente.

Si bien escribir en un libro sobre lo que la IA es capaz de hacer resulta un gran desafío porque lo que sucede y nos asombra en poco tiempo es pieza de museo, a inicios del 2025 entre las cosas que la IA podía hacer —con la ayuda de algoritmos avanzados y aprendizaje automático— estaba crear contenido escrito, de audio y de video difícilmente distinguible del producido por humanos.

Yo mismo me sorprendí cuando, en diciembre de 2024, mis compañeros de Newlink me mostraron un mensaje de fin de año con mi voz, que no había sido grabado por mí. Había tenido unos días muy ocupados y no había tenido tiempo de escribir y grabar el mensaje para nuestros clientes y amigos, así que el departamento de tecnología, en un *prompt* (solicitud que se le da a un programa de IA para que genere un resultado), le dio algunas ideas a una aplicación de IA sobre el contenido del mensaje y mi voz. ¡El resultado fue realmente asombroso! Ni yo mismo habría podido distinguir que ese no era yo y cada vez nos será más difícil diferenciar qué es real y qué es falso, con todo lo que ello significa.

Esto ha abierto un nuevo mundo de posibilidades para creadores de contenido, mercadólogos y empresas que buscan llegar a su audiencia de maneras más atractivas y efectivas. En los próximos años, se espera que la personalización evolucione aún más, impulsada por los avances en inteligencia artificial y el análisis de datos que permitirán ofrecer experiencias aún más precisas, predecibles y en tiempo real, lo que llevará la personalización a un nivel nunca visto, no solo en marketing, sino también en el ámbito de la educación, la salud y otros sectores. No es arriesgado decir que, en muy poco tiempo, las empresas utilizarán aplicaciones de IA generativa para anticipar las necesidades de los consumidores incluso antes de que sepan que las tienen.

En ese sentido, frente al miedo de que la tecnología pueda suplantar a los creativos, lo que percibí en Cannes, en el encuentro de publicidad de junio de 2024, es que la tendencia de las agencias y los publicistas es usar la IA y dejar de lado el temor de que vaya a arrasar con la industria. Como le oí decir a varios allí: "No es la IA o nosotros, es la IA con nosotros", lo cual repetían cada vez que podían.

Con esas palabras dando vueltas en mi cabeza, a mi regreso de Cannes empecé la búsqueda de alguien con quién hablar del tema para entender lo que pasaba del lado empresarial. Dean Aragon, CEO de Shell Brands International, encargado de vigilar el fortalecimiento y la reputación de la legendaria marca y quien se perfila a sí mismo como un especialista en marketing que se concentra en aprovechar el poder y la potencia de una marca a través de su 'humanidad', fue quien me ayudo a entender este nuevo orden y el impacto en marcas como Shell.

Para él, el desafío actual de los especialistas es discernir cuáles canales son dignos de sus inversiones en marketing o publicidad. "Si bien es tentador incursionar en todas las nuevas posibilidades, se debe permanecer concentrados implacablemente en menos opciones y más grandes… ¿Quién puede evitar mencionar las infinitas posibilidades que ofrece el poder disruptivo y la escala de la IA en todas sus formas o géneros? Pero la propensión de los especialistas en marketing a enamorarse de la última tecnología es una trampa...", me dijo con total claridad sobre el impacto que ya tiene y seguirá teniendo la IA. "Todo es B2Humans", concluyó diciendo.

Lo puntualizó muy bien Martín Migoya, el CEO de Globant: "uno de los grandes desafíos para las empresas es lograr abrazar la tecnología a la velocidad que los consumidores requieren… El otro es cómo encarar un proceso en el que todas las industrias están haciendo que el consumidor esté en el centro, y el tercero es cómo usar el mundo de la inteligencia artificial, en el cual cada día aparecen más y más cosas".

Esta transformación del consumidor que —como hemos visto— fue propulsada por la pandemia nos convirtió en otros. Nos puso en el centro de un mundo que cada uno de nosotros construimos y moldeamos de acuerdo con nuestros gustos y necesidades, un mundo con perspectiva propia, donde los consumidores asumimos el control y nos convertimos en actores empoderados. Las empresas lo están entendiendo cada día más y por eso también se están transformando en otras, más cercanas a su público, más interesadas en entenderlo y satisfacerlo como individuo. Saben que de ello depende no solo su supervivencia, sino también su crecimiento. El gran problema es que nadie sabe realmente cómo hacerlo.

Lealtad con propósito

"La lealtad no se trata tanto de un programa de puntos ni de compras repetidas, sino más bien de experiencia, autenticidad y alineación con los valores personales". Así me describió Walter Susini los factores clave que impulsan hoy la "nueva lealtad" hacia una marca en estos convulsos tiempos de volatilidad e incertidumbre en los que, como lo revela el portal *PuroMarketing* en un artículo de 2024, el 69% de los consumidores dicen no ser leales a ninguna marca. Nada los ata a ellas y estos buscarán los productos con los que se sienten más afines, donde mejor los seduzcan.[9]

9. PuroMarketing. "La lealtad a las marcas: un desafío para el éxito empresarial". *PuroMarketing*, 2024. Disponible en: <https://www.puromarketing.com/146/213745/lealtad-marcas-desafio-para-exito-empresarial>. Accedido el 12 de mayo de 2025.

En estos tiempos pospandémicos en los que las experiencias digitales y las interacciones en línea han generado un cambio en la relación tradicional de los consumidores con las marcas, la conexión emocional se ha vuelto fundamental para fomentar la lealtad de quienes buscan productos y servicios que, como hemos dicho, compartan valores que resuenen con los suyos, se preocupen por su bienestar y se alineen con sus necesidades y deseos. Marcas que no solo vendan productos, sino que también construyan una narrativa con la que los consumidores se identifiquen, generando relaciones duraderas basadas en valores compartidos, en un propósito común. Walter Susini lo señalaba con claridad: "crear conexión a través de las emociones, la calidad y la confiabilidad sigue siendo innegociable para las marcas. Creo firmemente que el potencial de lograr lealtad a la marca es más significativo cuando se logra a través de valores compartidos".

Es el caso, por ejemplo, de Coca-Cola, que ha reforzado su vínculo emocional con los consumidores mediante campañas de marketing que apelan a la nostalgia y a momentos de felicidad compartidos. Durante la pandemia, su campaña "Juntos es mejor" se enfocó en la unión y la superación, lo que le permitió mantenerse cercana a sus clientes en tiempos difíciles. La conexión emocional con Coca-Cola no solo la genera el producto, sino también los sentimientos que evoca en momentos especiales.

Dean Aragon explica muy bien por qué el consumidor necesita una relación emocional, un vínculo más profundo, un propósito compartido con la marca. "Los seres humanos, al tener un cerebro completo, están programados para buscar aspectos tanto racionales como emocionales. Una cosa es ser bueno en algo y otra es encontrarle sentido a lo que hacemos. Aquí es donde el sentido de propósito se vuelve poderoso... Los clientes necesitan encontrar ambas cosas: razones lógicas para comprar sus productos o servicios y razones emocionales para comprar lo que representa su marca o empresa".

Quizá por esto, en un mundo cada vez más saturado de opciones, uno de los objetivos más deseados y a la vez más difíciles de conseguir para un negocio, sobre todo en estos tiempos tan cambiantes, sea la construcción de la lealtad a la marca o *brand loyalty*. Como lo mencionábamos anteriormente, los consumidores buscan hoy algo más profundo: un propósito significativo que conecte con sus valores y emociones. Y por eso, las marcas que logran articular un propósito claro y genuino tienen un espacio privilegiado para construir una lealtad duradera.

Lograrlo no es solo cuestión de supervivencia sino de crecimiento. Lo leía hace poco en un artículo del *Harvard Business Review* que ha sido una referencia clave sobre cómo la lealtad de los clientes puede afectar positivamente a una empresa: aumentar la retención de clientes en un 5% puede incrementar las ganancias entre un 25% y un 95%. Este incremento significativo se debe a que los clientes leales tienden a comprar con mayor frecuencia, gastar más por transacción y referir nuevos clientes, lo que reduce los costos de adquisición y aumenta los ingresos.[10]

En este entorno pospandémico, donde los consumidores son más conscientes y exigentes, sin duda, las empresas que alinean sus prácticas comerciales con un propósito auténtico tienen una oportunidad única de sobresalir. Me lo decía David Vélez cuando sostuvimos una segunda conversación en septiembre de 2024, ya superados los primeros remezones de la pandemia. "Creo que el consumidor quiere entender el propósito de la empresa. Para el consumidor es importante entender qué quiere hacer, además de

10. Reichheld, Frederick F., y Phil Schefter. "The Economics of E-Loyalty". *Harvard Business School Working Knowledge*, 2000. Disponible en: <https://hbswk.hbs.edu/archive/the-economics-of-e-loyalty>. Accedido el 12 de mayo de 2025.

generar un producto. Eso es fundamental a la hora de escoger una marca".

Dean Aragon sintetiza muy bien estos tiempos y las exigencias que le han impuesto a las marcas a la hora de relacionarse con sus consumidores: "La nueva normalidad en nuestra época es la de la incertidumbre y la imprevisibilidad. Más que nunca, los clientes buscan marcas y negocios que sean dignos de su confianza y preferencia a lo largo del tiempo".

En pocas palabras, en un mundo donde la incertidumbre es la norma y los consumidores somos actores empoderados —somos otros—, la clave para construir una lealtad auténtica y duradera radica en la capacidad de las marcas para establecer conexiones emocionales profundas con sus consumidores.

Hoy los clientes buscan algo más que productos de calidad... quieren sentirse parte de una historia más grande, una que resuene con sus valores y aspiraciones, pero también quieren cocrearla, no quieren que la conexión la inicie solamente la marca, desde sus propios objetivos. Por ello, las empresas que logran integrar su propósito con la experiencia del cliente no solo ganan su lealtad, sino que también se posicionan como líderes en un mercado altamente competitivo, creando una relación que va más allá de la transacción, una alianza duradera basada en la confianza y en un "propósito compartido", concepto que he acuñado como consecuencia de todo este poder que tenemos los ocho mil millones de actores empoderados. Ese será el tema de nuestro próximo capítulo.

En pocas palabras

- La pandemia puso en jaque el valor de las marcas frente a sus consumidores debido a la aceleración de las plataformas digitales de comercio electrónico y al imponerse la necesidad por encima de la lealtad.

- El confinamiento causó una disrupción en el comportamiento del consumidor y, cinco años después, estamos viendo un mercado hipersegmentado y personalizado.
- Con más opciones y acceso amplio a las plataformas digitales, el consumidor de hoy tiene más posibilidades de escoger y decidir y se ha convertido en un actor empoderado.
- La nueva lealtad está vinculada más a un propósito cocreado y a la respuesta de las marcas a nuestros valores e intereses individuales.
- El comercio a través de las redes o comercio social es una tendencia que ha transformado profundamente los hábitos de compra y la forma en que se relacionan las marcas con sus consumidores.

Capítulo 10

El poder del Propósito

La pandemia, como lo hemos visto a lo largo del libro, nos enfrentó con una realidad cargada de preguntas y miedos a los que tuvimos que mirar de frente y, gracias a una fuerza y resiliencia que no sabíamos que teníamos, salimos adelante. Rompimos nuestros propios paradigmas y, en muchos casos, el encierro incluso nos mejoró el desempeño, pues logramos liberar con tecnología el tiempo que necesitábamos para pensar mejor, para crear con más libertad y para estar mejor con los nuestros. Ese nuevo empleo de las horas y estar contra la pared nos hizo preguntarnos por nuestro propósito y por nuestra razón de ser en el mundo. Fueron momentos muy íntimos que cada cual vivió a su manera.

Esta crisis sanitaria nos hizo buscar, en una primera instancia, las medidas de salud que nos mantendrían con vida y nos obligó a flexibilizarnos para poder resolver el día a día a través del teletrabajo y la educación *online* de nuestros hijos. Pero no fue solo eso. Todo lo que vivimos en aquel entonces nos llegó muy hondo, nos hizo preguntarnos el porqué de nuestras decisiones y cuestionó nuestras metas. Nos llevó a repensar nuestros pasos y, en muchos casos, nos hizo cambiar de rumbo. Y ese remezón que vivimos en el plano personal, también lo vivimos en otros terrenos. Todas las empresas y organizaciones, independientemente de su tamaño, tuvieron —tuvimos— que replantearnos nuestro propósito.

Nos vimos obligados a ser otros y a adaptarnos a la nueva realidad que se nos impuso. Frente a la calamidad pública que nos significó el covid en términos de bienestar y economía, era imposible seguir conduciendo nuestras organizaciones con los mismos objetivos con los que las concebimos. No se trataba de dejar de recibir las ganancias o las compensaciones por las que trabajamos, pero fue tan notable el empobrecimiento de tantas y tantas personas, así como el cambio de prioridades en sus decisiones de consumo, que no podíamos ser ajenos a la realidad del mundo.

Los valores comunes saltaron a un primer plano. Y tal como en nuestros hogares modificamos rutinas y establecimos nuevos acuerdos con nuestros hijos y parejas, eso mismo pasó a nivel empresarial. La pandemia se convirtió así en un momento de transformación en el cual la colaboración y la búsqueda de un propósito compartido se volvieron indispensables para sobrevivir a la mayor amenaza a la que nos enfrentamos en nuestra historia reciente.

Pedro Fernández fue nombrado vicepresidente ejecutivo de Comunicaciones Corporativas de Coca-Cola en España en mitad de la pandemia y no entró precisamente con el pie derecho. Para conocer su experiencia me recibió en la cafetería de las oficinas corporativas de la empresa en las afueras de Madrid. Empezamos hablando sobre los desafíos que tuvo que afrontar al asumir —en pleno confinamiento— tan importante cargo, con impacto en varios departamentos de una de las multinacionales más conocidas del mundo y al que tuvo que integrarse a través de una pantalla.

Me narraba que, al estar acostumbrado en todos sus trabajos anteriores a verse cara a cara con los demás y tener personalmente el primer contacto con colegas y clientes, este nuevo reto le resultó inimaginable. "Fue muy duro profesionalmente, porque cuando me incorporé a Coca-Cola, mucha gente se conocía, tenía sus conexiones establecidas. Y yo tuve que incorporarme a una organización tremendamente compleja ¡a través de Microsoft Teams!... Esa fue una gran desventaja para empezar un trabajo donde es esencial tejer relaciones humanas y generar *engagement*".

Y como una cosa suele llevar a otra, el encierro y los cambios en la manera de hacer las cosas —que vivimos todos— lo hizo replantearse en muchos escenarios. "Pude reconectar mucho conmigo y con mi familia", siguió contándome. "Me permitió también profundizar sobre el sentido del propósito y me hizo pensar mucho sobre el enorme esfuerzo que supone trabajar, dejar de trabajar o cambiar de trabajo. Me planteé preguntas como: ¿cuál es mi propósito? ¿Para qué hago todo este esfuerzo? Y buscar una respuesta para ellas me llevó a hacer una reflexión muy profunda de mi propósito, tanto personal como profesional". Difícilmente alguien lo hubiera podido expresar mejor... Pedro describió de forma impecable lo que muchos sentimos en aquella época.

Un importante elemento adicional que se le sumó al panorama descrito por Pedro es que con la amplificación de las redes y la audiencia global conectada y ansiosa de información, las organizaciones constataron que mientras más grandes fueran, más robusto debía ser su propósito, permear toda la empresa u organización y estar implícito en la mayoría de las interacciones. "Esa hiperexposición te obliga a ser fundamentalmente honesto y genuino", continuó diciéndome el vicepresidente ejecutivo de Coca-Cola. "Porque en ese universo virtual no hay dónde esconderse y esto hace que la honestidad cobre más relevancia que nunca. Además, cuanto más grande eres y cuanto más expuesto estás, más necesidad tienes de esa autenticidad".

"A solo un clic de la mala reputación y con cada día más y más actores empoderados detrás de las pantallas, ya no era cuestión de decir que estabas comprometido con el planeta o con tu comunidad. Ahora había que probarlo", me insistía Pedro, dándole una gran importancia a la búsqueda de algo más profundo que llevara a conectar en este nuevo entorno, algo indispensable aún para una de las marcas más importantes del planeta como Coca-Cola, con miles de millones de clientes en el mundo entero.

La evolución del propósito

Encontrar un propósito para nuestras vidas ha sido una búsqueda constante de la humanidad que ha dado lugar a profundos debates sobre el sentido del hombre y al surgimiento de reconocidas corrientes filosóficas y literarias como el existencialismo de Jean Paul Sartre y Albert Camus o el nihilismo de Friedrich Nietzsche.

Y nunca ha sido una tarea fácil. "Hacerse la pregunta ¿cuál es mi propósito? es todo un lujo. No fue algo accesible para casi nadie a lo largo de la historia de la humanidad. Con la calidad de la vida moderna, la búsqueda de algo más elevado que las necesidades cotidianas es posible, aunque sigue siendo difícil para miles de millones de personas", me decía en palabras simples Andrew Winston, uno de los expertos más reconocidos a nivel mundial en estrategia y sostenibilidad, coautor con Paul Polman (el exitoso CEO de Unilever por diez años) del *bestseller Net Positive, How Courageous Companies Thrive by Giving More Than They Take*[1] y quien vivió su propia crisis de propósito cuando en la caída de las "punto.com" de 2001 se quedó sin trabajo, tuvo que replantearse sus objetivos y encontrar de nuevo algo que lo apasionara.

1. Winston, Andrew, y Paul Polman. *Net Positive: How Courageous Companies Thrive by Giving More Than They Take*. Harvard Business Review Press, 2021.

"El propósito está dentro de la mayoría de nosotros y puede descubrirse con un poco de exploración. A veces, las personas encuentran estresante buscar un propósito y tal vez no logran identificarlo con claridad... Hay que enfocarse entonces en los valores que más aprecias como ¿qué tipo de vida quieres llevar?", continuaba explicándome Winston, quien ha construido un discurso muy profundo sobre el propósito, a partir de su propia experiencia.

En el terreno corporativo, desde la era industrial del siglo XVIII, los conceptos de responsabilidad y propósito en la cultura empresarial han ido evolucionado y han pasado por muy distintas etapas hasta finales del siglo XX e inicios del XXI, cuando la noción de propósito en los negocios se convirtió en un imperativo en la cultura organizacional, adquirió una gran visibilidad y se volvió objeto de la veeduría ciudadana. En la actualidad, el propósito es un tema candente y se considera la piedra angular de cualquier negocio o corporación.

Uno de los hitos en la evolución empresarial del propósito tuvo lugar el 13 de septiembre de 1970 cuando salió publicado en *The New York Times* el ensayo *Una doctrina de Friedman: la responsabilidad social de las empresas es aumentar sus ganancias*, también conocida como "teoría de los accionistas". Su autor, Paul Friedman, sostenía que la principal responsabilidad de una empresa era maximizar sus ingresos y aumentar la rentabilidad para los accionistas y, por ello, ninguna empresa estaba obligada a participar en responsabilidad social a menos que los accionistas así lo decidieran.[2] El ilustre economista recibió el Nobel en 1976 y sus principios económicos —que dieron origen a la reconocida y polémica Escuela de

2. Friedman, Milton. "The Social Responsibility of Business Is to Increase Its Profits". *The New York Times*, 13 de septiembre de 1970, p. 33.

Chicago— fueron el sustento del capitalismo de libre mercado, la apuesta económica más importante de la segunda mitad del siglo XX. Sin embargo, fueron objeto también de profundos debates que dieron origen a nuevos conceptos.

Otro de los grandes gurús de la economía, el consultor austro-húngaro Peter Drucker, considerado el "Padre del Management", evolucionó el concepto y sostuvo que el propósito de una empresa no es únicamente generar ganancias, sino crear y satisfacer a sus clientes.[3] "Por décadas, la historia de los negocios, la que nos enseñan en la escuela, ha dicho que el propósito empresarial son las ganancias y que su objetivo principal es crear o conseguir un cliente (...) Encontrar una necesidad y satisfacerla. Ese es el propósito de la empresa en el nivel más básico, lo que hace por las personas", continuó explicándome Winston, refiriéndose a Drucker pero dándome a entender que esa noción de propósito se quedaba muy corta frente a las necesidades del presente.

Y era claro a lo que se refería. En medio del debate alrededor de cómo hacer empresa, la Misión y la Visión empresariales —que durante décadas guiaron las organizaciones— se fueron consolidando con el propósito y, con ello, los *stakeholders* o las partes interesadas adquirieron una importancia que antes no se les reconocía a nivel estratégico. Esta nueva visión del capitalismo argumenta que una empresa debe crear valor para todas las partes interesadas y no solo para los accionistas y se ha ido abriendo camino en los últimos años.

Sin embargo, entre la teoría y la práctica hay una gran brecha. Y, como me contaba Winston, inculcarles estas ideas a los empleados se hizo cada día más y más difícil. "Parte de esto se debió al fin

3. Drucker, Peter. *The Practice of Management*. Harper & Row, 1954.

del contrato social que las grandes empresas solían tener con sus trabajadores. La gente tenía un empleo que le duraba toda la vida, una pensión y seguridad. Pero en la década de 1990, los despidos se convirtieron en una estrategia central de gestión que el mercado recompensó (…) Allí se perdió la lealtad y el compromiso de los empleados con sus organizaciones. ¿Por qué deberían tenerlos si estaban "a voluntad" y podían ser despedidos en cualquier momento?". Fueron los años en los que muchas de las estrategias de negocios que las grandes consultoras presentaban a sus clientes en las empresas más importantes sugerían despedir gente como el eje para volver a tener rentabilidad.

Viéndolo hoy, no me sorprende que en agosto de 2019, Jamie Dimon, el presidente y director ejecutivo de JPMorgan Chase & Co, dijera que "el sueño americano está vivo, pero se está desmoronando", y, bajo su batuta, lograra que se firmara un documento esencial para el empresariado estadounidense que se denominó *The Business Roundtable*, donde un grupo que representaba a los directores ejecutivos de grandes corporaciones, incluidas Apple, JPMorgan y General Motors, entre otras, declaraba que había cambiado de opinión sobre el "propósito de una corporación" y que ese propósito ya no era maximizar las ganancias para los accionistas, sino también beneficiar a otras partes interesadas, incluidos empleados, clientes y ciudadanos.

"Cada uno de nuestros grupos de interés es fundamental. Nos comprometemos a entregar valor a todos ellos, para el éxito futuro de nuestras empresas, nuestras comunidades y nuestro país", afirmaron en lo que desde entonces se conoció como "The Business Roundtable Statement", firmado por 181 directores ejecutivos, momento que marcó un giro fundamental en la visión del gobierno corporativo. Este documento reflejaba el rechazo a las tantas campañas vacías de Responsabilidad Social Corporativa (RSC) que eran pura corrección política pero poco compromiso real con la gente.[4]

El propósito como transformador

Haber logrado vencer al virus fue la mayor comprobación de la necesidad de compartir objetivos, puntos de vista, formas de ver la vida, y de actuar en colaboración. Cinco años después de la pandemia, somos otros. Ya no podemos actuar solos. Necesitamos un propósito común. John Coleman, uno de los autores estrella del *Harvard Business Review* en temas relacionados con el propósito, el liderazgo y el desarrollo personal, lo dice contundentemente: "La pandemia cambió nuestro propósito. La única pregunta ahora es si aceptaremos conscientemente esta transición y la utilizaremos para crear un futuro intencional y significativo después de ella".[5] Y en eso estamos…

Es claro que a esa sociedad empoderada, que logró sobrevivir a una de las mayores disrupciones globales de la historia, resetearse en muchos de sus principios y valores y en la que muchos buscan que el bienestar prime por encima de la productividad, ya no le bastan aproximaciones como la RSC, tan en boga en décadas anteriores. Atrás quedaron las épocas en que las empresas se relacionaban con

4. Business Roundtable. "Statement on the Purpose of a Corporation". *Business Roundtable*, 19 de agosto de 2019. Disponible en: <www.businessroundtable.org/business-roundtable-statement-on-the-purpose-of-a-corporation>. Accedido el 12 de mayo de 2025.

5. Coleman, John. "Redefining Your Purpose in the Wake of the Pandemic". *Harvard Business Review*, 10 de marzo de 2022. Disponible en: <https://hbr.org/2022/03/redefining-your-purpose-in-the-wake-of-the-pandemic>. Accedido el 12 de mayo de 2025.

su entorno donando computadoras para un colegio, construyendo un pequeño acueducto o creando becas de estudio. Hoy en día los individuos quieren ser protagonistas, participar en la decisión de las acciones que los deberían beneficiar.

En esa evolución del propósito, más que buscar la Misión de la organización, que sería el QUÉ de la empresa, y la Visión, o sea el DÓNDE, hoy el propósito empresarial tiene una razón más existencialista, el POR QUÉ. La consultora BCG (Boston Consulting Group) lo explica de una manera sencilla al decir que lo que se busca "es la intersección de estas dos preguntas esenciales *Quiénes somos* (y allí entra lo que nos diferencia de los otros) y *Qué necesidad llegamos a suplirle a la sociedad* (porqué existimos más allá de lo que hacemos o vendemos, y porqué deberías trabajar con nosotros)".[6]

Por eso mi propuesta desde Newlink es evolucionar hacia un Propósito Compartido donde se persiga, no lo que la organización puede hacer por las personas (una idea unidireccional que en estos tiempos ya no funciona), sino un espacio común entre los intereses particulares de la organización, institución o gobierno y una sociedad en la que conviven más de 8 mil millones de actores empoderados que se fortalecieron en estos cinco años, afianzando su voz y su poder, armados con sus dispositivos móviles y capaces de llevar a la cima a una organización o destruir sin ninguna piedad cualquier producto o marca con la fuerza de un tsunami y a tal velocidad que es imposible anticiparlo. Para ello es indispensable hacer un cambio de chip y encontrar ese ADN, esa esencia que prevalece en las diferentes interacciones en el ecosistema orbital donde ese propósito compartido es el centro de un nuevo universo.

6. Boston Consulting Group. *Beyond Great: Nine Strategies for Thriving in an Era of Social Tension, Economic Nationalism, and Technological Revolution*. Boston Consulting Group, 2020.

La necesidad de que las empresas tengan un propósito compartido con sus *stakeholders* no es solamente una cuestión de filosofía empresarial. Los hechos han demostrado que tener un propósito claro y auténtico puede impulsar un cambio organizacional significativo y fomentar el crecimiento. Este círculo virtuoso ha sido objeto de numerosos estudios, entre ellos uno de BCG entre líderes, empleados y clientes de 50 compañías de diversos sectores, donde se evidencia que un propósito bien definido no solo guía la estrategia, fomenta la innovación y fortalece la cultura organizacional al convocar a los empleados alrededor de una misión compartida; sino que da a las compañías mejores herramientas para enfrentar sus desafíos y garantizar su sostenibilidad y, adicionalmente, permite conectar más profundamente con los clientes al abordar necesidades que son significativas para ellos.[7]

Para medir la magnitud de la repercusión que tiene el propósito en los resultados de las empresas, Korn Ferry realizó en 2021 otro estudio *Getting Clear about Why*, en el cual encontró que durante cuatro años las empresas de productos de consumo cuya estrategia de negocios estuvo impulsada por un propósito aumentaron sus ventas a una tasa anual promedio 6,5% más alta que sus pares.[8] ¡Un impacto indiscutible!

Cuando oigo estas ideas siempre se me vienen a la mente aquellos ejemplos de marcas que, desde sus inicios, apuntaron hacia el lado correcto de la historia y que hoy siguen siendo emblemáticas.

7. Boston Consulting Group. “Leading with Purpose for Transformation Success”. *Boston Consulting Group*, 2023. Disponible en: <https://www.bcg.com/publications/2023/leading-with-purpose-for-transformation-success>. Accedido el 12 de mayo de 2025.

8. Korn Ferry. “Getting Clear About ‘Why’”. *Korn Ferry Institute*, 2020. Disponible en: <https://www.kornferry.com/institute/getting-clear-about-why>. Accedido el 12 de mayo de 2025.

Me refiero por ejemplo a Unilever, que produce la mayonesa Hellmann's y cientos de productos más como Knorr, Maizena, Pond's y los helados Ben and Jerry. Es una de las compañías de productos de consumo más grandes del mundo y también una de las corporaciones que más ha defendido la sostenibilidad y la responsabilidad social.

Desde su creación en 1885, esta gigante estadounidense tuvo en su ADN el compromiso de hacer las cosas bien. Hace más de un siglo, cuando produjo la primera barra de jabón a partir de aceite vegetal en lugar de grasa animal, su fundador William Lever definió el propósito de su compañía en hacer de la limpieza un lugar común y reducirle la carga de trabajo a las mujeres, lo que lo hizo un pionero en el campo de la salud y un aguerrido defensor de género.

Luego, cuando sus empleados tuvieron que irse al campo de batalla durante la Segunda Guerra Mundial, no solo les mantuvo sus empleos, sino que les pagó el salario a sus familias, algo totalmente inusual para la época. De esta forma, se convirtió también en un pionero en el campo de las pensiones. Además, la mayonesa buscó desde su inicio combatir el desperdicio de alimentos, haciendo de las salsas el mejor acompañante de lo que estaba a punto de echarse a perder. Desde entonces, quienes han estado el frente de la compañía han mantenido el propósito en el eje de la estrategia empresarial de Unilever.[9] No por nada, en 2023 ocupó el segundo puesto en la Encuesta de Líderes en Sostenibilidad de GlobeScan.[10]

9. Unilever. "Brands with a Purpose". Unilever Archives. Disponible en: <https://archives-unilever.com/discover/stories/brands-with-a-purpose?>. Accedido el 12 de mayo de 2025.

10. GlobeScan y SustainAbility Institute by ERM. "2023 Sustainability Leaders Survey". GlobeScan, 8 de junio de 2023. Disponible en:<https://

Una historia tan sólida como la de Unilver, sin embargo, no es fácil de construir en el mundo de hoy, donde contamos con una gran diversidad de actores empoderados, con demandas cada vez más exigentes y que interactúan constantemente en un mundo hiperconectado.

El pensamiento orbital: una nueva mentalidad

Después de la pandemia, es indudable que nuestro propósito se ha reafirmado o se ha reorientado. Hoy sabemos que, aunque tengamos tantos impulsos individualistas, al final buscaremos a los otros para salir adelante. Hemos hecho todo un viaje corporativo, desde una red de *stakeholders* hacia un ecosistema de actores empoderados, en donde el propósito compartido se hace indispensable para conectar los intereses particulares de las organizaciones, gobiernos, instituciones o líderes con los intereses colectivos que tiene la sociedad. Al cultivar el compromiso, podemos fomentar, promover y nutrir propósitos, vínculos, acciones y alianzas. De esta forma, replanteamos el concepto de la parte interesada y consideramos el mundo como un lugar poblado por usuarios conectados y empoderados, con la capacidad de provocar cambios de todo tipo de manera instantánea y con una magnitud nunca imaginada.

Mientras algunas organizaciones todavía priorizan su modelo empresarial en su participación en el mercado, otros estamos empleando una perspectiva orbital para expandirlo, empleamos un enfoque multidimensional y tomamos las medidas necesarias

---

globescan.com/2023/06/08/insight-of-the-week-patagonia-ranks-top-sustainability-corporate-leader/>. Accedido el 12 de mayo de 2025.

para comprender los diferentes puntos de vista y actitudes a fin de involucrarlos de manera más efectiva en cada cosa que hacemos.

Se trata de una nueva mentalidad, una nueva forma de pensar, en la que ya no vemos las personas como *targets* pasivos, como pobres animalitos inocentes que caminan en la pradera y son una presa fácil de capturar, sino como protagonistas empoderados y activos. Tras la pandemia —como lo hemos visto a lo largo de este libro— el aislamiento y la necesidad de permanecer conectados nos llevaron a niveles de involucramiento y participación en las redes sociales que difícilmente se habrían dado en otras circunstancias.

Para entender un mundo en constante adaptación de tecnologías y cambios necesitamos romper con la forma como hemos venido entendiendo el mundo en los últimos cincuenta años. La digitalización acelerada que forzó la pandemia, la inmersión en las redes sociales y ahora la irrupción abrupta de la inteligencia artificial nos dejaron en *offside*, fuera de lugar, y necesitamos parar el balón para revaluar nuestra forma de ver las cosas.

Se trata de una nueva mentalidad que ya no ve nuestro mundo o la evolución del *target* como algo lineal a la hora de planear sus estrategias de mercadeo. Necesitamos una nueva forma de darle sentido al caos, al movimiento constante y a la evolución que requiere un pensamiento complejo, y hacer un mapeo a través de canales discursivos y actores empoderados.

Y creo que la mejor forma de hacerlo es plantearnos una nueva mirada, un nuevo prisma en el cual el propósito esté en el medio, como si fuera el equivalente al sol en el sistema solar, y a partir de ahí circunscribir dos grandes órbitas, donde habitan todos los actores con los que nos relacionamos, los actores empoderados.

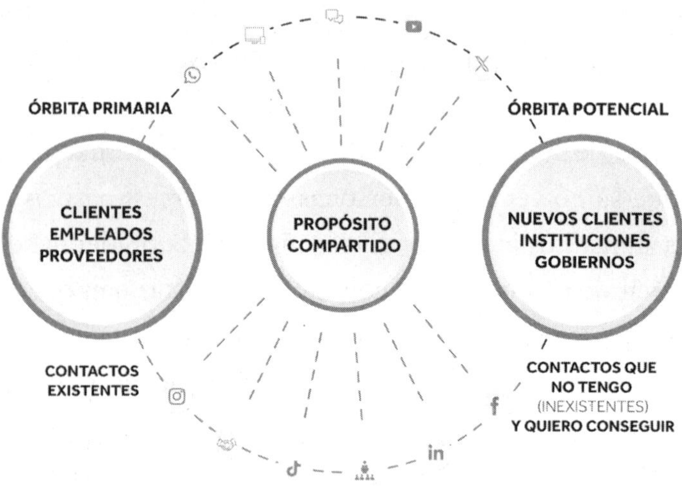

El Ecosistema de Conexión Orbital (ECO) es el enfoque de Newlink para generar engagement al alinear a los actores empoderados en torno a un Propósito Compartido, convirtiéndolo en el ADN de todas las interacciones.

En una primera órbita u **Órbita Primaria** están aquellos con quienes ya tenemos una relación, todos nuestros contactos primarios, como clientes, empleados y proveedores, y en el lado opuesto tenemos una segunda órbita a la que llamaremos **Órbita Potencial**, donde convivirán los contactos que no tenemos. A todo este enfoque —cuyo ADN, cuyo núcleo, es el Propósito Compartido— lo llamamos **Ecosistema de Conexión Orbital (ECO)**, un ecosistema donde el **Propósito Compartido** —la llave para generar el *engagement* que es el tesoro más buscado hoy en las empresas— toma vida y se activa en una multiplicidad de interacciones a través de multiformatos y multiplataformas. Al representar de esta forma sencilla nuestras complejas redes y relaciones, podemos identificar y capitalizar auténticas oportunidades de conexión para consolidar una organización que cree valor compartido tangible.

Es importante señalar que si bien la estrategia de una empresa cambia permanentemente, es esencial incorporar esta metodología en el pensamiento de largo plazo de la organización, lo cual implica que nuestro **Propósito Compartido** sea la esencia, el ADN que esté presente en todas las interacciones, de tal modo que impacte permanentemente en los dos espacios donde habitan los actores empoderados.

Esta mirada del negocio en donde hay un "gana-gana" para todos los actores de la cadena de valor facilita que, si las compañías construyen sus propósitos de una forma que resuene con los empleados, los clientes, los socios y todos los demás *stakeholders* y los alinea con las estrategias del negocio, puedan producirse resultados muy positivos.

Fue justamente en el Foro Empresarial Mundial de 2023, celebrado en Nueva York y que se tituló *Propósito, navegando en aguas inexploradas*, en el que estuvieron oradores como Jim Collins (autor de los *bestseller Good to Great* y *Built to last*) y Simon Sinek (creador de la metodología del *Golden Circle*), donde este último afirmó contundentemente ante el auditorio que "un propósito compartido nos hace capaces de lograr cualquier objetivo". En ese tono contundente y a la vez persuasivo que lo hace parecer un predicador, aseguró también que no hay que tener un rango de autoridad para volverse líder, sino que el liderazgo es esa posición privilegiada y de gigantesca responsabilidad de ver a los otros elevarse junto a nosotros y, por consiguiente, cualquiera de nosotros puede ser un líder.

Hoy en día no hay nada más exitoso para una empresa que lograr que su propósito sea compartido por todos aquellos sobre los que influye. Ya lo decía Dan Schulman, presidente y CEO de PayPal, la gran compañía de pagos *online*: "La responsabilidad de las empresas ha ido más allá de la mera obtención de beneficios para los accionistas. Estoy a favor del capitalismo, pero debe evolucionar. El propósito y los beneficios de los accionistas están cada vez más entrelazados".[11]

Los casos de empresas para las cuales el tener un propósito compartido ha traído grandes beneficios son numerosos. Baste citar algunos pocos como Patagonia, la empresa de ropa y equipos para actividades al aire libre, cuyo propósito de "Salvar el planeta" va más allá de generar ganancias y guía todas sus decisiones empresariales, desde el diseño de productos hasta sus políticas de sostenibilidad. El propósito compartido de Patagonia no solo ha generado lealtad y confianza entre sus clientes, sino que también ha inspirado a otras empresas a adoptar prácticas empresariales más responsables, demostrando que los negocios pueden prosperar mientras benefician a la sociedad y al medio ambiente.

Otra muy conocida empresa, Ikea, la multinacional sueca de muebles y decoración, ha hecho de "Crear un mejor día a día para las personas" el propósito compartido que guía todas las decisiones estratégicas de la compañía, desde el diseño de productos asequibles hasta su compromiso con la sostenibilidad y la accesibilidad. Al combinar asequibilidad, sostenibilidad e innovación, Ikea ha mejorado la vida diaria de millones de clientes, al tiempo que establece un estándar para prácticas empresariales responsables en su industria.

Naturalmente, no todas las compañías pueden tener propósitos tan ambiciosos como los de Paypal, Patagonia o Ikea, que son grandes multinacionales con presencia en prácticamente todo el mundo

11. PayPal. "PayPal Releases 2019 Global Impact Report". PayPal Newsroom, 27 de abril de 2020. Disponible en: <https://newsroom.paypal-corp.com/2020-04-27-PayPal-Releases-2019-Global-Impact-Report>. Accedido el 12 de mayo de 2025.

y una gran cantidad de recursos humanos y económicos para llevar a cabo sus propósitos. Pero cada organización, por pequeña que sea, puede tener un propósito que compartan sus *stakeholders*. Lo fundamental es que este no sea simplemente para cumplir con un requisito, sino que sea coherente y esté realmente alineado con los valores de la organización y sus partes interesadas.

El propósito no puede ser forzado. Como me lo decía Walter Susini, el genio milanés del marketing a quien mencionamos en el capítulo anterior, "el propósito no es solo un 'extra' deseable, sino un imperativo estratégico para las organizaciones. Sin embargo, debe abordarse con cuidado, porque existe el riesgo de caer en el *purpose washing*. Cada vez más, las marcas y empresas sienten la presión de tener un propósito, pero en muchos casos termina siendo algo forzado".

Para construir un propósito auténtico Susini propone una fórmula sencilla de enunciar, pero no siempre fácil de ejecutar: "Si eres un líder, debes empezar por escuchar. Es fundamental entender qué significa el propósito para tus empleados, comunicarlo con claridad, integrarlo en la cultura y luego medir su impacto".

Yo personalmente creo que se trata, ante todo, de encontrar el espacio para estar más cerca de la comunidad, partiendo de los intereses particulares de la organización pero buscando la conexión entre ellos y el resto de la sociedad.

Se trata, en fin, de construir una nueva manera de entender nuestro compromiso como empresas ante un consumidor cambiante y exigente que ya no quiere ser visto como un simple *target*, sino que quiere ser un actor empoderado cuyos valores e intereses cuenten en nuestras estrategias corporativas. Es decir, se trata de ser otros.

En pocas palabras

- La pandemia nos forzó a repensar nuestros conceptos de propósito, tanto personal como profesional porque padecemos una crisis de propósito.
- El concepto de propósito siempre ha sido un foco importante en la historia de la cultura organizacional, sin embargo, la pandemia nos permitió evolucionar el concepto y verlo desde una perspectiva compartida.
- Hoy en día, el propósito organizacional tiene que ir más allá de los valores, misión y visión. Hay que conectar los intereses particulares con los intereses colectivos y crear un propósito compartido.
- Este cambio en la historia del propósito requiere un cambio en la forma de pensar sobre todo lo que hacemos. Es como una nueva licencia que hay que tener para transitar por este nuevo mundo de actores empoderados.

Capítulo 11

El *engagement* como fuerza vital

Entre las muchas cosas nuevas que nos ha traído la inmersión acelerada en un mundo digitalizado e hiperconectado están una serie de palabras y conceptos que hasta hace unos años eran prácticamente desconocidos para la gran mayoría de las personas. Uno de ellos es *engagement*. Y si lo decimos en inglés no es solamente porque así se ha popularizado su uso, como el de tantas otras palabras del mundo digital, sino sobre todo porque su significado es difícilmente traducible al español.

Si la ponemos en un traductor nos arrojará posiblemente la palabra *compromiso*, que —aunque abarca su sentido amplio— como definición resulta insuficiente, porque el *engagement* también conlleva *interacción* e *interés*. Podríamos decir que el concepto de *engagement* representa además del nivel de compromiso, la conexión emocional y la participación activa que una persona o grupo tiene en su relación con algo, como una marca, un proyecto, una comunidad o un contenido.

Es frecuente en el mundo de los negocios escuchar que *engagement* es lo que uno debe buscar con su comunidad, tanto a nivel personal como organizacional... Que alcanzarlo le garantizará estar en boca de todos, recibir los *likes* y la aprobación que busca y competir en el reñido mundo de los negocios con ventaja sobre los otros… En pocas palabras, es como el Balón de Oro que todos anhelamos que gane nuestro jugador favorito.

Y quienes trabajan en marketing, redes sociales o recursos humanos lo saben bien: *engagement* es una métrica clave. Indica cuán involucradas y motivadas están las personas, cuánto interés despierta una propuesta, qué tan profundamente se conecta alguien con lo que decimos o hacemos.

Pero el *engagement* no es solo una estrategia ni una tendencia. Es mucho más. Es una presencia silenciosa que permea todo lo que somos y hacemos. Está en los espacios que habitamos, en los vínculos que cultivamos, en los trabajos que elegimos, en las causas que abrazamos. Es una fuerza poderosa que se incrusta en la vida cotidiana y, sin que lo notemos, le da forma, dirección y sentido. Es lo que transforma lo cotidiano en cercanía, el esfuerzo en propósito, y la conexión fugaz en vínculo real.

Para profundizar un poco más en ese concepto que está transformando la forma en la que nos comportamos como individuos, empresas y organizaciones, me pareció importante hablar con un gran conocedor del tema en el terreno empresarial. Es el caso de Andrew Winston, el coautor de *Net Positive*[1] y todo un experto en análisis de tendencias de mercado quien se juntó para escribir este libro con —nada más y nada menos que— Paul Polman, CEO de Unilever, una multinacional que produce, como decíamos anteriormente, desde jabones hasta helados y que desde sus inicios ha tenido en sus negocios una visión clara de propósito que la ha convertido en una de las cien compañías más valiosas del mundo. Ambos son

1. Winston, Andrew y Paul Polman. *Net Positive: How Courageous Companies Thrive by Giving More Than They Take*. Harvard Business Review Press, 2021.

para mí unos faros en estas materias y por eso busqué a Andrew para profundizar mejor el concepto y su evolución.

"Es difícil de definir —me confirmó—. Supongo que diría que alguien está *engaged* cuando se preocupa por su trabajo y por cómo contribuye con él al éxito de la organización. Eso va más allá de simplemente trabajar por un sueldo. Implica creer en el trabajo que hace y en la misión de la organización. Las personas *engaged* están más satisfechas, tienen menos probabilidades de irse y son más productivas", me dijo al explicar cómo se entiende en el ámbito laboral este concepto, que hoy trasciende el horizonte de lo interno y llega hasta el consumidor. Y ahí es tocar el cielo con las manos.

Si nos trasladamos al escenario digital del marketing, podríamos decir que el *engagement* con una marca se refiere a la conexión y el nivel de interacción que un público tiene con ella. Es un valor medible tanto cualitativa como cuantitativamente, que evalúa qué tan comprometidos están los consumidores con los valores, mensajes y productos o servicios de la marca, y cómo esto influye en su comportamiento, su lealtad, recomendación o compra repetida.

Cada vez que damos un *like* a un post de un producto o servicio, lo reenviamos, comentamos o recomendamos, estamos demostrando qué tan *engaged* nos encontramos con él. También el tiempo que dedicamos a ver ese post o un video relacionado, los clics que damos en su publicidad, los correos que abrimos y las compras que efectivamente hacemos son señales que quedan registradas y que dan cuenta del nivel de interrelación que tenemos con esa marca, que tan *engaged* estamos con ella. En pocas palabras, el *engagement* refleja cuánto "vive" una marca en la mente y el corazón de las personas y qué tan activamente interactúan con ella.

Ante este nuevo tipo de relacionamiento, es evidente que las estrategias de marketing de antaño en donde solo se trataba de "capturar" al consumidor o *target* —que era un mero receptor— hoy son insuficientes para lograr ese nivel de interacción. Por eso, lo que buscan hoy en día las organizaciones es construir marcas y relaciones que representen un propósito con el cual sus *stakeholders,* hoy actores empoderados —llámense clientes, empleados, proveedores o socios—, se sientan afines, que perciban como suficientemente coherente y confiable como para hacerlo parte de ellos e invitar a otros a hacer lo mismo. Es fácil decirlo, sin embargo, lograrlo es precisamente el gran desafío de nuestro tiempo. En gran parte porque en vez de cambiar la forma de pensar y entender que la clave es tener un propósito compartido sólido, están simplemente emparchando la rueda y con eso no alcanza, porque el mundo cambió... y mucho.

Crisis de *engagement*

Cinco años después de la pandemia, hemos visto cómo la tecnología nos permitió mantener el contacto, incrementó exponencialmente nuestras capacidades y amplió nuestras habilidades. Sin embargo, si bien la tecnología nos brinda herramientas, nos posibilita el contacto a distancia y nos ofrece todos los beneficios de los que hemos hablado en los capítulos anteriores, una vez superada la imposición del aislamiento, para todos fue evidente que necesitábamos del contacto físico para que nos devolviera la dimensión afectiva y emocional que se encontraba desdibujada *online.*

Exploremos el tema de adentro hacia afuera, empezando por la fuerza laboral de una empresa, porque hoy —en un mundo de actores empoderados y con una alta exposición— es fundamental construirlo desde adentro hacia afuera, sin límites.

El impacto de ello en el trabajo ha sido medido y analizado ampliamente por encuestadoras como Gallup, que durante décadas ha investigado sobre este asunto. Según su informe *State of the Global*

Workplace: 2024, que encuesta a cerca de cien mil empleados en más de cien países, aunque el *engagement* de los empleados ha aumentado un 2% en comparación con el reportado dos años antes, en 2022, la falta de compromiso continúa teniendo un impacto económico considerable, con un costo estimado en 8,9 mil millones de dólares, equivalente a la no despreciable cifra del 9% del PIB global.[2]

Si bien las consecuencias de la falta de *engagement* son nefastas, por otro lado, los beneficios de quienes lo logran son innumerables. La misma Gallup realiza desde 1997 un estudio global que analiza la relación entre el *engagement* o compromiso de los empleados y los resultados organizacionales clave, como productividad, rentabilidad y retención de talento.

Según la versión de mayo de 2024 de este reporte, las organizaciones con equipos altamente comprometidos son un 23% más rentables, un 18% más productivas y experimentan un 10% más de lealtad de los clientes. Además, registran casi la mitad (43%) menos de rotación en industrias con alta rotación, un 81% menos de ausentismo, un 64% menos de incidentes de seguridad y un 41% menos de defectos de calidad. Si tenemos en cuenta que este análisis está basado en el comportamiento de 3,3 millones de empleados de 183 mil unidades de negocio en 96 países, las ventajas de fomentar el *engagement* resultan más que evidentes.

Jim Harter, jefe de investigación laboral en Gallup, lo explica con claridad en un artículo publicado en febrero de 2024. Mientras los *baby boomers* han logrado mantener —e incluso aumentar— su nivel de compromiso en el trabajo, las generaciones más jóvenes parecen estar desconectándose poco a poco. La generación X ya mostraba señales de retroceso: su nivel de *engagement* cayó del 35% en 2020 al

2. Gallup. *State of the Global Workplace: 2024*. Gallup, 2024.

31% en 2023. Pero los descensos más pronunciados se dieron entre los *millennials*, que pasaron del 39% al 32%, y la generación Z, cuya caída fue del 40% al 35%.[3] En otras palabras, cuanto más jóvenes, más cuesta conectar. Y no se trata solo de una brecha generacional, sino de una señal de alerta sobre cómo están cambiando nuestras formas de vincularnos con el trabajo, y con el mundo.

Harter atribuye esta falta de compromiso a varios factores, como la falta de claridad respecto a las expectativas laborales, las oportunidades insuficientes para el crecimiento y un sentimiento reducido de conexión con la misión de la organización, y subraya la necesidad de que las organizaciones aborden estos problemas proporcionando expectativas claras, fomentando oportunidades de crecimiento y asegurándose de que los empleados más jóvenes se sientan valorados y conectados con el propósito de la organización. "En todas las generaciones, el porcentaje de trabajadores que saben lo que se espera de ellos en el trabajo ha disminuido en cuatro o más puntos desde marzo de 2020, lo que indica una falta generalizada de claridad y alineación en el lugar de trabajo después de la pandemia", asegura, lo cual evidencia que existe una desconexión cada vez mayor entre el empleado y el empleador.

"El compromiso de los empleados se ha estudiado durante mucho tiempo", me explicaba Andrew Winston. "Las personas se sienten comprometidas cuando tienen cierta autonomía y propiedad de su propio trabajo y cuando se sienten escuchadas. Parte de la respuesta es escuchar realmente, especialmente a los empleados más jóvenes y nuevos. ¿Qué les importa? ¿Qué esperan de la empresa?".

3. Harter, Jim. "Younger Workers Show 'Dramatic Decline' in Engagement". *HR Dive*, 1.° de marzo de 2024. Disponible en: <https://www.hrdive.com/news/younger-workers-employee-engagement-gallup/708961/>. Accedido el 12 de mayo de 2025.

El *engagement* en las tecnológicas

Martín Migoya, CEO de Globant, quien llevó a su empresa a convertirse en uno de los cuatro unicornios argentinos, junto a Mercado Libre, Despegar y la gigante de clasificados virtuales OLX, también me lo expresó claramente. Para la cabeza de esta empresa de ingeniería de *software* y tecnología de la información, la apropiación del trabajo por los empleados ha adquirido un valor cada día mayor. "Para mí el concepto es darles autonomía, hacerlos sentir dueños de lo que están haciendo frente al cliente y eso, al final del día, generará un mejor resultado y tendrán, así, la capacidad de escalar a un número de gente muchísimo más grande", enfatizaba.

Si nos salimos del ecosistema interno y ampliamos la mirada, para las marcas el desafío en términos de *engagement* también ha sido grande. Un estudio reciente realizado por Spikes Asia junto con WARC —*The Emotional Gap*— lanza una advertencia inquietante: más de la mitad de los consumidores en Asia-Pacífico no recordaban una sola interacción reciente con una marca que los haya emocionado o inspirado.[4]

Y eso, en un mundo saturado de anuncios, plataformas, bots y campañas, no es un simple dato. Es una señal de que algo profundo está fallando. Porque, como lo hemos expuesto ya en este libro, después de la pandemia —ese punto de inflexión global que nos obligó a detenernos, reconfigurarnos y volvernos más conscientes de lo esencial— ya no queremos solo consumir. Queremos sentir. Conectar. Creer que lo que nos rodea tiene sentido.

4. "Spikes Asia Publishes Its 2024 Creativity Report". *Spikes Asia*, 28 de marzo de 2024. Disponible en: <https://www.spikes.asia/news/spikes-asia-publishes-its-2024-creativity-report>. Accedido el 12 de mayo de 2025.

El estudio de Spikes y WARC señala algunas marcas que han entendido este cambio y han comenzado a actuar en consecuencia. Amazon, por ejemplo, ha sorprendido a sus usuarios no con grandes promociones, sino con pequeños gestos: reembolsos espontáneos cuando un producto baja de precio después de la compra. No como incentivo, sino como regalo. Ese detalle inesperado genera confianza, y con ella, una conexión que va más allá de la transacción.

La empresa de telecomunicaciones alemana 1&1 ha logrado destacarse no por su publicidad, sino por su servicio al cliente. En un mundo dominado por centros de atención impersonales, ellos apuestan por la continuidad: cuando uno llama, usualmente lo atiende la misma persona que lo ha atendido anteriormente. Esa familiaridad convierte la atención en una relación.

Y en un giro interesante, la *fintech* sueca Klarna Bank entendió que para muchas personas, hablar de dinero —y especialmente de deudas— puede ser una experiencia emocionalmente difícil. Por eso, usan bots en lugar de humanos para atender estos casos delicados. Lejos de deshumanizar, esto redujo la vergüenza y generó un entorno más seguro para el cliente.

Estas son marcas que han entendido que el *engagement* no se construye simplemente con emociones intensas. Que requiere empatía y comprensión. Marcas que quieren ir más allá de buscar atención, que quieren construir presencia. Que no están gritando para ser vistas, sino que están actuando para ser recordadas.

El *engagement* en actores empoderados

Con la evolución del propósito en las organizaciones hemos visto que se ha producido también una evolución de las partes interesadas, los *stakeholders*, hoy en día convertidos en actores empoderados. La posibilidad de tener una voz propia y plataformas donde esta voz puede amplificarse y llegar a millones de personas en cuestión de segundos les dio un poder que antes no tenían y que, necesariamente, ha llevado a las empresas y organizaciones a tener que transformarse, a convertirse en otras para poder servir a esos actores empoderados que también se han convertido en otros.

Y gran parte de esa transformación ha sido, precisamente, entender que hoy es indispensable la construcción de un **Propósito Compartido**, que concilie sus intereses particulares como grupo con los intereses de la sociedad para poder construir un mensaje que las conecte con su *target* (hoy actores empoderados) y genere el necesario *engagement*.

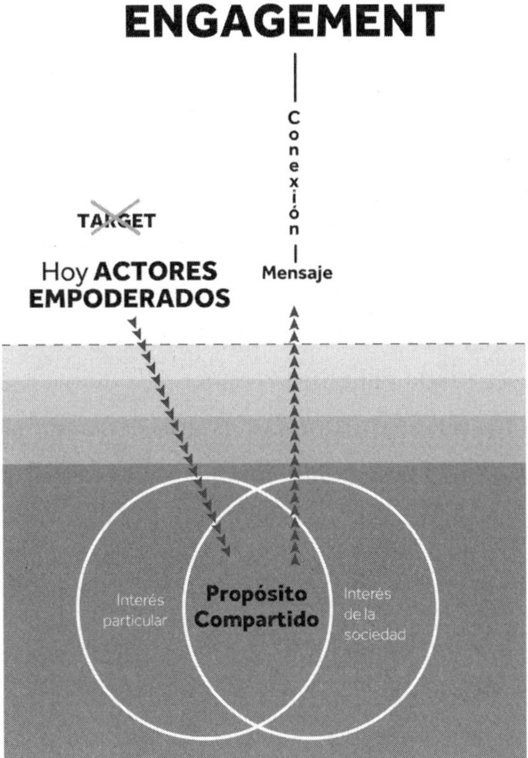

Este poder, naturalmente, puede ser usado de una manera errónea y con consecuencias inimaginables. Hemos visto en diversos escenarios cómo ciudadanos, políticos, corporaciones o grupos con influencia aprovechan las redes sociales para amplificar noticias falsas y utilizan las *fake news* como herramientas para moldear narrativas que favorezcan sus intereses, ya sea para manipular la opinión pública, desacreditar oponentes o influir en decisiones clave, generando polarización y desconfianza en las instituciones.

Sin embargo, si miramos el otro lado de la moneda, encontraremos que ese mismo empoderamiento se puede convertir en un motor invaluable para potenciar la participación activa de los individuos en las decisiones sociales, políticas y económicas que les conciernen, y que está estrechamente vinculado al *engagement*, puesto que las personas empoderadas desarrollan una conexión emocional más fuerte con las causas, organizaciones o comunidades y se sienten más motivadas a involucrarse en ellas de manera continua y efectiva.

Ya nos lo decía Orlando Ayala, el experto en tecnologías de la información que estuvo en Microsoft más de dos décadas y llegó a ser uno de sus más altos ejecutivos: "Como todo, la tecnología es quizás la oportunidad más grande, pero también uno de los riesgos más pavorosos que tenemos al frente es el hecho de que esa tecnología puede ser usada para bien o para mal".

Y ese es precisamente uno de los grandes desafíos de nuestro tiempo. Por un lado, combatir las narrativas falsas, y por el otro fortalecer ese *engagement*, ese vínculo positivo, para impulsar cambios sostenibles y construir sociedades más justas y cohesionadas. Pedro Fernández, de Coca-Cola Company, tiene clara la dimensión de la tarea: "El tema hoy es cómo haces ese *engagement*. Porque no es monodireccional, es multidireccional y *multistakeholder*... Eso ha cambiado en los últimos años. Entonces, más allá de encontrar nuevos formatos o canales, se trata de encontrar cómo implicar a las partes interesadas, hacerlas partícipes, compartir los retos, y evaluar con ellos si las cuestiones en las que te enfocas son relevantes".

Esta tarea, en el ámbito de las empresas, implica adicionalmente tratar de reconectar a unos empleados que, tras la pandemia y el trabajo *online* que promovió, se encuentran en muchos casos muy desconectados del propósito y los valores de las organizaciones para las que trabajan.

Cuando hablé con la doctora Laurie Santos sobre el tema, me comentó que para ella uno de los factores que realmente pueden representar un cambio organizacional profundo es la gratitud. "Creo que es algo que realmente podemos aplicar en las culturas organizacionales… no solo para mejorar la felicidad en el lugar de trabajo y en el entorno de la organización, sino también el desempeño".

Y me mencionó el trabajo en este campo de un gran sicólogo organizacional norteamericano, Adam Grant, autor de dos tratados magistrales de empatía y *New York Times bestsellers*: *Give and Take* y *Think Again*, y a quien en el podcast *Hurry Slowly*, escuché decir: "Subestimamos dramáticamente cuán poderosa es la apreciación. Por ejemplo, simplemente recibir un simple agradecimiento después de darle a alguien su opinión sobre una carta de presentación de solicitud de empleo. ¿Habrías adivinado que solo las palabras "gracias" serían suficientes no solo para generar un aumento del 50% en su disposición a ayudarte nuevamente, sino también para que sean más propensos a ayudar a alguien más que se acerque a ti?".[5] ¡Ese es el poder de la gratitud!

5. Grant, Adam. "Don't Underestimate the Power of Appreciation". *Hurry Slowly*, presentado por Jocelyn K. Glei, episodio 1, temporada 2, 9 de octubre de 2018. Disponible en: <https://hurryslowly.co/adam-grant/>. Accedido el 12 de mayo de 2025.

No hay duda de que cuando los trabajadores se sienten valorados y reconocidos por sus esfuerzos, experimentan un aumento en su autoestima y motivación, lo que genera un entorno positivo que fomenta la productividad y la colaboración y crea un círculo virtuoso que potencia el desempeño general de la organización. Y esto es válido no solo con los empleados, sino también con quienes los dirigen.

No hay propósito sin un líder

"La gente no renuncia a sus trabajos, sino a sus jefes", me dijo Andrew Winston al citar a su amigo Paul Polman con quien escribió *Net Positive*. Y no se refería a cualquier persona sino nada menos que al ex CEO de Unilever, toda una autoridad empresarial. "Las empresas también necesitan formar e inspirar a los directivos para que sean administradores", enfatizaba Andrew. "La cultura empresarial proviene de tener valores claros, enunciarlos y vivirlos. Si deseas una cultura de propósito, necesitas que los líderes demuestren su propósito, lo ejerciten y hablen de ello con regularidad".

Y lo que debemos tener claro es que la eficacia de un líder depende en gran medida de su habilidad no solo para definir el propósito de la empresa, sino también para comunicarlo de manera clara y motivadora, asegurándose de que todos los miembros del equipo comprendan cómo sus esfuerzos contribuyen a un objetivo común. Ese propósito compartido no solo debe servir como una guía estratégica, sino también para reforzar el compromiso y la cohesión interna, creando un sentido de pertenencia y motivación que inspire tanto a los empleados como a los demás *stakeholders* a contribuir al éxito colectivo. Pero como me lo recalcaba Walter Susini, "necesita ser auténtico… si eres un líder, debes escuchar y comprender qué significa el propósito para tu empleado y, para ello, debes comunicárselo claramente para que lo integre a la cultura empresarial y luego medir el impacto".

El propósito compartido como respuesta

Cinco años después de ese sacudón universal que representó el aislamiento al que nos sometió la pandemia, si algo me ha quedado claro por mi experiencia al frente de Newlink por más de veinte años, oyendo a los líderes de las organizaciones y empresas para los cuales trabajamos y conversando con todos estos gurús con los que he tenido la oportunidad de hablar para la realización de este libro, es que el propósito compartido se ha convertido en una respuesta clave al mundo de hoy, marcado por rápidas transformaciones sociales, económicas y tecnológicas.

En un contexto donde los empleados buscan más que solo remuneración, y los consumidores valoran cada vez más otras cosas de las empresas, un propósito compartido actúa como un ancla que conecta a los empleados, clientes y otros *stakeholders* con el producto, las ideas que lo crearon, el por qué hago lo que hago y los valores fundamentales de la organización, promoviendo la confianza, la lealtad y el compromiso a largo plazo. Además, en un mundo donde la sostenibilidad y la inclusión son prioridades, las empresas que buscan un propósito auténtico y socialmente responsable no solo destacan frente a la competencia, sino que también contribuyen a generar un impacto positivo en la sociedad y el medio ambiente.

Es por eso por lo que, cuando hablo con los líderes de las empresas con las que trabajamos en Newlink, retomo las palabras con las que uno de los grandes líderes del mundo dio impulso, hace más de seis décadas a una de las más importantes transformaciones de la humanidad. Se trata de Martin Luther King, quien el 28 de agosto de 1963 en Washington, durante la Marcha por el Trabajo y la Libertad se paró frente a 250.000 personas y les compartió su sueño: *"I have a dream"*, les dijo... Y compartió con ellos su sueño de igualdad, de justicia, de tolerancia, de integración, de unión para todos. Un sueño por el que invitó a todos a trabajar juntos para defender sus valores.

Esas palabras se inmortalizaron y generaron un *engagement* que dio inicio a un movimiento, a una fuerza histórica que nunca más se detuvo, ni siquiera cuando él ya no estuvo para impulsarla, porque cobró vida propia en el momento en el que todos los actores se unieron alrededor de ese propósito, se identificaron con él, se comprometieron y entendieron que solo juntos lo podían alcanzar.

Con ello generó una serie de conquistas que parecían imposibles. Derechos civiles como el derecho al voto para las personas de color y un camino hacia la igualdad que seguimos transitando hasta el día de hoy... En cada paso del camino, fue su fuerza, su liderazgo y su capacidad de interpretar lo que pensaban, querían y sentían las personas que tenía a su alrededor lo que lo inspiró y le permitió convencer a millones de seguir su camino. Y uso este ejemplo porque creo que es uno de los casos más impactantes de lo que el *engagement* y la claridad sobre un propósito compartido pueden lograr.

De la emoción al compromiso

En este nuevo mundo pospandémico, el *engagement* no es solo el objetivo de las marcas: es la base para volver a vivir con sentido. La pandemia nos llevó a ser otros, sí. Pero sobre todo, nos obligó a buscar a otros: de otra manera, con otra profundidad, con otra intención. Y en ese cambio, quizá descubrimos algo esencial: que no basta con emocionarnos, con conmover. Que es necesario comprometernos, estar.

Es así como ese *engagement* que antes se refería ante todo a una métrica de marketing hoy se extiende a nuestras relaciones, a nuestras causas, a los espacios que habitamos. Queremos vínculos reales, no apariencias; experiencias con propósito, no transacciones vacías. Conexiones que no desaparezcan cuando se apaga la pantalla. Que resistan el silencio. Que permanezcan incluso cuando no hay nada que ganar.

Con esto en mente, quizás valdría la pena que le diéramos de nuevo una mirada a los principios de la ciencia de la felicidad de la nos habló la doctora Laurie Santos en esa charla que nos ofreció a varios ejecutivos a comienzos del 2024. La ciencia del bienestar, tal como la expone la doctora Laurie Santos en su curso —uno de los más populares en la historia de Yale— muestra que la felicidad aumenta cuando las personas sienten que lo que hacen tiene significado y propósito.

Desde esta perspectiva, la conexión social emerge como uno de los principales predictores de bienestar. Esto se refleja claramente en los entornos laborales: los equipos que construyen relaciones sólidas y cuentan con líderes que fomentan la colaboración y la comunicación abierta, suelen tener empleados más comprometidos. A su vez, prácticas como la gratitud, la atención plena (*mindfulness*) y la reducción del estrés no solo mejoran el bienestar general, sino que, cuando son promovidas por las organizaciones, contribuyen a crear entornos más humanos. Los lugares de trabajo que realmente cuidan la salud mental y emocional de su gente —ofreciendo apoyo, recursos y escucha— experimentan mayores niveles de *engagement* y menores tasas de rotación.

La felicidad también está relacionada con el desarrollo personal y la adquisición de nuevas habilidades, factores que cuando son promovidos por las empresas ofreciendo mayores oportunidades de desarrollo y aprendizaje, repercuten sin duda en la motivación y el nivel de compromiso de los empleados, lo que genera un ciclo positivo de productividad y satisfacción. Y finalmente, la práctica de la gratitud, que mejora el bienestar tanto en lo personal como en lo profesional, a nivel empresarial tiene indudables beneficios, pues los líderes que reconocen y agradecen las contribuciones de sus empleados fomentan un entorno positivo que refuerza el *engagement*.

No es fortuito que más de cuatro millones y medio de estudiantes se hayan inscrito en los cursos de la doctora Santos desde que los puso en Coursera. Y es que su fórmula, sin ser mágica, funciona. "La felicidad tiene que ver, en realidad, con lo que hacemos", nos dice la psicóloga. "Una mentalidad de gratitud, esta emoción en la que te enfocas y aprecias las cosas buenas de la vida, puede contrarrestar nuestro sesgo natural hacia la negatividad, que tiende a notar solo lo malo. Prestar atención a las cosas que te hacen sentir mejor puede ser realmente fantástico para la felicidad".

Otro de los factores esenciales para cultivar esa felicidad de la que habla la doctora Santos y lograr también ese mayor *engagement* que buscamos son las conexiones sociales en tiempo real, es decir, interactuar con otros personalmente. Según sus estudios, las personas más felices tienden a ser más sociables y dedican más tiempo a relacionarse directamente con los demás. Esta interacción directa ayuda a contrarrestar los sentimientos de soledad y contribuye significativamente al bienestar general.

En sus enseñanzas, la doctora Santos subraya que, aunque la comunicación digital tiene su lugar, no puede reemplazar los beneficios que se obtienen de las interacciones cara a cara. Participar en actividades sociales en el mundo real fomenta un sentido de pertenencia y apoyo, elementos esenciales para la felicidad. "Creo que el problema es que a menudo utilizamos las redes sociales para promocionar cosas que no promueven la felicidad, no nos conectamos en la vida real o en tiempo real. ¿Con qué frecuencia ves a alguien mirando su teléfono en Instagram y sin hablar con las personas que lo rodean en la vida real? Creo que la forma en que muchos de nosotros usamos las redes sociales, a menudo de manera pasiva y frecuentemente a costa de perder oportunidades de conexión social reales, termina haciendo que seamos menos felices", me dijo con esa fuerte convicción que la caracteriza.

Finalmente, de lo que se trata es de encontrar el balance entre aprovechar las ventajas que nos ofrece el mundo digital y mantener el contacto con la gente, interactuar con ella. Verla a la cara, oírla. Que es exactamente lo que nos dijo David Vélez, el genio detrás de Nubank, quien pese a haber construido su capital ofreciendo soluciones bancarias digitales, sigue viendo el contacto humano como esencial. "Se comienza a crear una conciencia de que estar físicamente con otros es más valioso que estar digitalmente con otros... Lo importante es nuestra comunidad, nuestra familia, nuestras relaciones personales, y también tener la conciencia más abierta, más amplia en las comunidades donde vivimos...", me insistía en una de nuestras conversaciones. ¡Y miren quien lo dice!

Y es que esa felicidad de la que estamos hablando no es un proyecto solitario. Requiere del otro, de ese entorno que mencionaba David Vélez y también de un propósito.

Para John Coleman, de quien hablamos en el capítulo anterior y coautor también de *Passion & purpose*,[6] el propósito es un componente fundamental de la felicidad y la realización tanto en la vida personal como profesional, pero el propósito no es algo que

6. Coleman, John, Daniel Gulati y W. Oliver Segovia. *Passion & Purpose: Stories from the Best and Brightest Young Business Leaders*. Harvard Business Review Press, 2011.

simplemente se descubre. Hay que construirlo activamente a través de acciones deliberadas y cambios en la mentalidad que conlleven a alinear nuestros valores personales con nuestras tareas laborales mediante lo que él llama *job crafting*, es decir, modificar aspectos del rol que ejercemos para que se ajuste mejor a nuestras fortalezas e intereses personales, y construir relaciones significativas, conexiones que brinden apoyo y un sentido de pertenencia. Al adoptar estas estrategias, las personas pueden crear un sentido de propósito que contribuya a una mayor felicidad y compromiso en su vida.[7]

Y es que, como hemos visto, el *engagement* va mucho más allá de un clic, un *like* o un comentario. Más allá de la fidelidad a una marca o el entusiasmo por un contenido. Es en realidad una forma de vincularnos con el mundo. Es la necesidad profunda de conectar. De sentirnos parte. De saber que lo que damos —nuestro tiempo, nuestra atención, nuestra voz— encuentra eco en el otro, deja una huella.

En pocas palabras

- En marketing, el *engagement* es una métrica clave que se refiere a la conexión y el nivel de interacción que un público tiene con una marca.
- Después del aislamiento y la digitalización acelerada por la pandemia, el *engagement* entró en crisis. Necesitábamos del contacto físico para que nos devolviera la dimensión afectiva y emocional.

7. Coleman, John. “Finding Success Starts with Finding Your Purpose”. *Harvard Business Review*, 11 de enero de 2022. Disponible en: <https://hbr.org/2022/01/finding-success-starts-with-finding-your-purpose>. Accedido el 12 de mayo de 2025.

- El propósito compartido se ha convertido en una respuesta clave al mundo de hoy, marcado por rápidas transformaciones sociales, económicas y tecnológicas.
- Hoy el *engagement* exige pasar de la emoción al compromiso. Es una forma de vincularnos con el mundo, de conectarnos, de sentirnos parte y saber que lo que damos encuentra eco en el otro.

Epílogo

La pandemia nos lo hizo ver claro: en ausencia de certezas, el vínculo humano —esa forma íntima y sostenida de estar con el otro— se volvió esencial. El *engagement* dejó de ser un concepto de marketing para convertirse en una clave de supervivencia emocional. Una manera de permanecer. De resistir. De seguir significando.

Es una manera de estar en el mundo. De comprometerse con algo que trasciende lo inmediato. De decir: *esto me importa, y aquí me quedo*. Es la raíz invisible que sostiene al árbol, la cuerda que, sin ser vista, nos mantiene atados al presente, a la vida, con una intención que va más allá de la mera supervivencia. Es lo que nos da, finalmente, sentido.

La emoción —tan usada en los últimos 60 años en las campañas para atraer clientes— es solo la chispa. Pero lo que verdaderamente sostiene una relación —entre marcas, entre personas, entre comunidades— es esa mezcla de presencia, coherencia y valor compartido que nos hace sentir parte de algo, el *engagement*. Que hoy, después de la pandemia, ya no es una herramienta más. Es el objetivo final. El nuevo *endgame*.

Antes del colapso global, muchos proyectos, marcas y personas vivían obsesionados con el crecimiento, la expansión, el volumen, el alcance. Todo tenía que ser más. Más rápido. Más visible. Más viral.

Pero el virus, invisible e implacable, nos dejó claro que no siempre gana quien llega más lejos. Que la carrera por llegar primero, muchas veces nos deja solos. Que lo que importa es lo que permanece.

Y lo que permanece no es lo más impactante, sino lo más conectado. Lo que logra crear raíces, lo que genera un sentido compartido. Es como la fe: no elimina el dolor, no evita la crisis, no garantiza la felicidad. Pero nos acompaña. Y como toda fe, se cultiva con constancia. Con gestos pequeños. Con presencia, incluso en la ausencia.

Porque el verdadero *engagement* no es ruido. Es *eco*. No busca deslumbrar, sino resonar. Es la huella que deja una voz cuando ya no está. La vibración que sigue moviéndose aun cuando todo parece en silencio. En un mundo saturado de estímulos fugaces y conexiones instantáneas, el eco del *engagement* auténtico nos recuerda que fuimos vistos, que fuimos tocados, que fuimos parte de algo.

Y en esa resonancia está la diferencia entre pasar y quedarse. Entre estar y pertenecer.

En un mundo que a veces parece girar sin sentido, donde lo inesperado puede romper cualquier plan, ese eco —ese reflejo del otro en uno mismo— es quizás lo único que nos sigue dando dirección.

El *engagement* no es la solución a todos los problemas, pero sí una respuesta más contemporánea a un mundo que clama: **Somos otros**.

No nos cura, pero nos sostiene.

No nos salva del dolor, pero nos recuerda que no estamos solos.

Y tal vez, en ese sostenernos unos a otros, en ese estar verdaderamente presentes, esté el nuevo sentido de vivir: no buscar certezas, sino vínculos que resistan incluso cuando todo lo demás se desvanece.